Python 程序设计与数据分析基础

何士产◎主　编

章露萍　李　丹◎副主编

上海财经大学出版社

本书由上海财经大学浙江学院发展基金资助出版

图书在版编目(CIP)数据

Python 程序设计与数据分析基础/何士产主编. —上海:上海财经大学出版社,2023.7

ISBN 978-7-5642-4176-6/F·4176

Ⅰ.①P… Ⅱ.①何… Ⅲ.①软件工具-程序设计 Ⅳ.①TP311.561

中国国家版本馆 CIP 数据核字(2023)第 071583 号

□ 责任编辑 肖 蕾

□ 封面设计 张克瑶

Python 程序设计与数据分析基础

何士产 主 编

章露萍 李 丹 副主编

上海财经大学出版社出版发行

(上海市中山北一路 369 号 邮编 200083)

网 址:http://www.sufep.com

电子邮箱:webmaster@sufep.com

全国新华书店经销

上海华业装璜印刷厂有限公司印刷装订

2023 年 7 月第 1 版 2023 年 7 月第 1 次印刷

787mm×1092mm 1/16 17.5 印张 371 千字

定价:56.00 元

前　言

　　党的二十大报告首次将"实施科教兴国战略,强化现代化建设人才支撑"作为一个单独部分,充分体现了教育的基础性、战略性地位和作用,并对"加快建设教育强国、科技强国、人才强国"作出全面而系统的部署。党的二十大报告明确提出:"教育、科技、人才是全面建设社会主义现代化国家的基础性、战略性支撑。必须坚持科技是第一生产力、人才是第一资源、创新是第一动力,深入实施科教兴国战略、人才强国战略、创新驱动发展战略,开辟发展新领域新赛道,不断塑造发展新动能新优势",对"坚持教育优先发展、科技自立自强、人才引领驱动,加快建设教育强国、科技强国、人才强国"进行整体谋划,并将"建成教育强国、科技强国、人才强国"纳入2035年我国发展的总体目标。数据分析作为一门前沿技术,广泛应用于物联网、云计算、人工智能等新兴产业,是科技强国的主要载体之一。

　　Python是一种面向对象的解释型计算机程序设计语言,它的设计哲学是优雅、明确、简单,没有仪式化的东西。因为它所专注的并非语言表现的丰富程度,而是我们想要用代码完成什么,所以即使你不是一个Python专家,也能读懂它的代码。由于它依托丰富的第三方库,因此除了极少数事情不能做之外,基本上是全能的,如系统运维、图形处理、数据处理、文本处理、数据库编程、网络编程、多媒体应用、爬虫编写、机器学习、人工智能等都有它的用武之地。目前,我国很多大中专院校的程序设计课程的编程语言都是Python,一些地区的中小学也把Python纳入信息技术课的授课内容。

　　基于各种原因,很多非计算机专业的学生需要学习程序设计,但很多程序设计语言的学习门槛太高,令人望而却步。Python的出现为莘莘学子带来了曙光。Python创始人吉多·范罗苏姆(Guido von Rossum)曾说:"人生苦短,我用Python。"因此,我们希望能在有限的时间里,让学生快速地掌握计算机编程语言并能够将其用于分析、处理日常工作生活中的数据。正是基于这个目的,我们编写了本教材,以帮助非计算机专业学生及计算机编程爱好者快速入门,并初步具备Python数据分析的能力。

　　本书内容共10章,分为两个部分:第1~7章为第一部分,主要介绍Python编程基础,包括Python概述及其开发环境的配置、Python语言基础、Python程序控制结构、Python常用数据结构、函数、文件与目录的操作、异常处理等;第8~10章为第二部分,主要介绍Python数据分析扩展库的使用,包括numpy库的使用、pandas库数据处理和分析、数据可视化等。

本书主要有以下特点：

(1)内容循序渐进。从 Python 的开发环境配置、基础语法、程序控制结构、函数、文件、异常等操作出发到数据分析、处理，内容逐步深入，零基础读者也可以快速上手。

(2)案例丰富。本书在讲解每个知识点时，都配以可运行的程序示例及其运行结果。读者可以通过阅读示例代码及相应的注释，理解相应的知识点。

(3)知识点与实践结合。每章都提供了大量的课后练习题，供读者实践，以提高读者解决实际问题的能力。

为方便教学，本书提供了所有例题和编程习题的程序源代码，所有源代码均可运行于 Python 3.X 环境。

本书适合作为高等院校本、专科各专业的 Python 编程及数据分析的教材，也可供 Python 爱好者自学参考。

本书由何士产主编，章露萍、李丹参与编写相关章节并对书中的内容进行校对，王淞昕、韩松乔为本书的编写提供了宝贵的意见和建议，在此深表谢意！

由于作者知识和水平有限，书中难免有错误和不足之处，敬请读者批评指正！

编　者

2023 年 4 月

目　录

## 第 1 章

程序设计和 Python 语言

计算机程序设计语言是人与计算机之间交流的语言。本章介绍程序设计的相关基础知识，Python 语言以及 Python 开发环境的搭建。

1.1 程序设计概述

1.1.1 计算机程序

有人认为计算机很智能，会按照人们交给它的任务自动工作。其实，计算机的每一个操作都是根据人们事先指定的指令进行的。例如，人们用一条指令要求计算机进行一次加法运算，用另一条指令要求计算机将某一运算结果输出到显示屏。为了使计算机执行一系列的操作，人们必须事先编写一条条指令并输入计算机。

程序就是一组计算机能识别和执行的指令。每一条指令可以使计算机执行特定的操作。只要执行这个程序，计算机就会"自动"执行各条指令，有条不紊地工作。一个特定的指令序列用来完成一定的功能。计算机系统要实现各种功能，需要成千上万个程序。这些程序大多是由计算机软件的设计人员根据需要设计的，作为计算机软件系统的一部分提供给用户使用。此外，用户还可以根据自己的实际需要设计一些应用程序，例如学生成绩统计程序、财务管理程序、工程中的计算程序等。

总之，计算机的一切操作都是由程序控制的。因此，计算机实质上是程序的机器，程序和指令是计算机系统中最基本的概念。只有懂得程序设计，才能真正了解计算机是如何工作的，才能更熟练地使用计算机。

1.1.2 计算机语言

人与人之间的交流离不开语言，交流的语言可以是汉语、英语等，只要交流的双方都能理解即可。人与计算机的交流，同样离不开语言，而这种语言也必须是双方都能理解的。

人与计算机交流的语言称为计算机语言。

计算机发明至今，已经发生了翻天覆地的变化，同样计算机语言也在发展变化。从发展的历史来看，计算机语言可以分为两种类型：低级语言和高级语言。低级语言主要有机器语言和汇编语言。机器语言，是指 CPU 能理解且能直接执行的指令集合，其实就是 0 和 1 的序列，也称为二进制语言。汇编语言是一种符号化的机器语言，用助记符号代替指令操作码和操作数，也称为符号语言。高级语言与计算机的硬件结构及指令系统无关，它有更强的表达能力，可方便地表示数据的运算和程序的控制结构，能更好地描述各种算法，而且容易学习掌握，它接近于自然语言和数学语言，如 Fortran、Pascal、Basic、C、C++、Java、Python 等。目前，高级语言有上千种。

不同类型的计算机语言的特点如下：低级语言更贴近机器，比如机器语言可以直接操作计算机硬件，运行效率更高，但是对人不友好，学习起来很困难；高级语言是与计算机型号无关，接近人类的自然语言，对人比较友好，但是高级语言所开发的程序不能直接被计算机识别，必须经过转换才能被执行，所以运行效率比较低。

1.1.3　程序的编写与运行

程序编写一般使用文本编辑器。程序的编写可以使用通用的文本编辑器，例如记事本、Notepad、Vim、Sublime 等；也可以使用第三方的集成开发环境，例如 Pycharm、Spyder、Visual Studio Code、Eclipse 等。

使用文本编辑器编写的程序，被称为源代码。用不同的计算机语言编写的源代码文件类型是不一样的。这些源代码要运行，最终都需要被转换成机器语言，只有这样计算机才能理解和执行。将源代码转换成机器语言的方法有两种：解释和编译。

（1）解释。解释执行方式类似于日常生活中的"同声翻译"。由于程序源代码一边由相应语言的解释器翻译成目标代码（机器语言），一边执行，因此效率比较低，而且不能生成可独立执行的可执行文件；应用程序不能脱离其解释器，执行效率比较低，但这种方式比较灵活，可以动态地调整、修改应用程序，跨平台性好。如 JavaScript、VBScript、Perl、Python、Ruby、MATLAB 等都是解释型语言。

（2）编译。编译是指在程序执行之前，需要一个专门的编译过程，把程序源代码文件编译成为机器语言的文件，比如 exe 文件，以后要运行的话就不用重新编译，可直接使用编译的结果（exe 文件）。编译型语言的程序执行效率相对较高，但应用程序一旦需要修改，就必须先修改源代码，再重新编译才能执行，修改很不方便。这种方式依赖编译器，跨平台性差些。如 C、C++、Delphi 等都是编译型语言。

1.2　Python 概述

1.2.1　Python 简介

Python 是一种面向对象、解释型的计算机程序设计语言,其创始人为荷兰人吉多·范罗苏姆。1989 年圣诞节期间,他决心开发一种新的脚本解释语言,这种程序语言的名字 Python(英文原意为"蟒蛇")取自吉多·范罗苏姆喜欢的喜剧《蒙提·派森的飞行马戏团》(Monty Python's Flying Circus)。

Python 于 1991 年公开发行了第一个版本,2000 年发布了 2.0 版本,2008 年发布了 3.0 版本。相邻的两个版本之间无法实现兼容。Python 源代码遵循 GNU 通用公共许可证(GNU General Public License)协议。Python 2.7 于 2020 年 1 月 1 日终止支持。如果用户想要在这个日期之后继续得到与 Python 2.7 有关的支持,则需要付费给服务供应商。目前 Python 3 是主流版本。经过 30 多年的发展,Python 在各个领域都有着广泛的应用。本书使用的是 Python 3.9.9 版本。

1.2.2　Python 特点

(1)简单易学。Python 结构清晰、语法简洁,是一种代表简单主义思想的语言。阅读一个良好的 Python 程序就像读英文,尽管它的语法要求非常严格! Python 的这种伪代码本质是它的优点之一。它使你能够专注于解决问题而不是理解语言本身。

(2)免费、开源。Python 是自由/开放源码软件(Free/Libre and Open Source Software,FLOSS)之一。简单地说,你可以自由地发布这个软件的拷贝、阅读它的源代码、对它做改动、把它的一部分用于新的自由软件中。

(3)高层语言。用 Python 语言编写程序的时候,无需考虑诸如何管理程序使用的内存一类的底层细节。

(4)可移植性。由于它的开源本质,Python 已经被移植在许多平台上。如果不使用依赖于系统的特性,那么 Python 程序无需修改就可以在任何支持 Python 的平台上运行。

(5)面向对象。Python 既支持面向过程的编程,也支持面向对象的编程。Python 支持继承和重载,有益于源代码的复用性。

(6)可扩展性。Python 提供了丰富的 API 和工具,以便程序员轻松地使用 C、C++语言来编写和扩充模块。

(7)可嵌入性。Python 可被嵌入 C/C++程序,从而为 C/C++程序提供脚本功能。

(8)丰富的库。Python 提供了功能丰富的标准库,包括正则表达式、文档生成、单元测试、数据库、图形用户界面(Graphical User Interface,GUI)等,还有许多其他高质量的库,例如 Python 图像库等。目前,许多程序员选择 Python 的原因是存在大量适用于各种领域的 Python 包,例如计算生物学、机器学习、统计学、数据可视化和许多其他领域。专业开发人员制作并发布这些包,而且这些包通常都是免费的。

1.2.3 Python 应用领域

Python 是一种通用程序设计语言,被广泛应用于验证算法、快速开发、测试运维、数据分析和人工智能。AI 产业领域的从业人员来自各行各业,他们掌握各自领域的知识和数据资源,其主要工作是分析和处理数据。对于这些人员来说,Python 拥有非常好的计算生态、丰富的数学算法和强大的数据处理功能,具有易学易用、高效开发的特点。基于 Python 的 PyTorch 和 TensorFlow 等深度学习框架的广泛应用,使 Python 成为人工智能与大数据领域的标准程序设计语言。Python 的应用领域如下:

(1)常规软件开发。由于 Python 支持函数式编程和面向对象编程,能够承担多种软件的开发工作,因此常规的软件开发、脚本编写、网络编程等都可以使用 Python。

(2)科学计算。随着 NumPy、SciPy、Matplotlib 等众多程序库的出现,Python 适用于科学计算、绘制高质量的 2D 和 3D 图像。与科学计算领域最流行的商业软件 MATLAB 相比,Python 是一门通用的程序设计语言,它比 MATLAB 所采用的脚本语言的应用范围更广泛,有更多的程序库支持。虽然 MATLAB 中的许多高级功能和工具目前还是无法替代,但在日常的科研开发中仍然有很多工作是可以用 Python 完成的。

(3)数据分析。在大量数据的基础上,结合科学计算、机器学习等技术对数据进行清洗、去重、规格化和针对性的分析是大数据行业的基石。Python 是数据分析的主流语言之一。

(4)网络爬虫。网络爬虫也称网络蜘蛛,是大数据行业获取数据的核心工具。网络爬虫可以自动、智能地在互联网上爬取免费的数据。Python 是目前编写网络爬虫所使用的主流编程语言之一,其 Scrapy 爬虫框架的应用非常广泛。

(5)人工智能。Python 在人工智能领域内的机器学习、神经网络、深度学习等方面都是主流的编程语言,得到了广泛的支持和应用。

(6)金融分析。在金融工程领域,Python 应用非常广泛,而且重要性逐年增加。Python 语言结构清晰,科学计算和统计分析功能强大,生产效率远远高于 C、C++ 和 Java,尤其擅长策略回测。金融行业的很多分析程序、高频交易软件都是用 Python 开发的。目前,Python 是金融大数据分析、量化交易领域里用得最多的语言。

(7)Web 开发。Python 下有多种优秀的 Web 框架,Django 是最有代表性的一个,它是一个为完美主义者开发的高效率 Web 框架。许多成功的网站和 App 都是基于 Django 开发完成的。Flask 是一个使用 Python 编写的轻量级 Web 应用框架,花很少的成本就能够开发一个简单的网站。Tornado 是一种 Web 服务器软件的开源版本,是非阻塞式服务器软件,其速度相当快,每秒钟可以处理数以千计的链接,是实时 Web 服务的一个理想框架。

(8)自动化运行维护。大数据时代,服务器、存储设备的数量越来越多,大数据集中趋势越来越明显,网络也变得更加复杂,用户体验和数据时效性要求更高,IT 运维对实时采集和海量分析要求更高。Python 以其数据处理能力强、可移植性强、开发效率高和兼容性好等特点,成为运维人员必须掌握的程序设计语言。

(9)游戏开发。网络游戏是引领计算机发展方向的一个主要行业,是计算机应用最重要的商业市场。

1.3　Python 开发环境

1.3.1　下载 Python

Python 可应用于多平台,包括 Windows、Linux 和 Mac OS X。Linux 和 Mac OS 系统中一般已经预装 Python 的开发环境。本书是基于 Windows 10 和 Python 3.9 构建 Python 开发环境。

从 Python 官网(https://www.python.org/downloads/windows/)下载对应的版本,下载页面如图 1—1 所示。

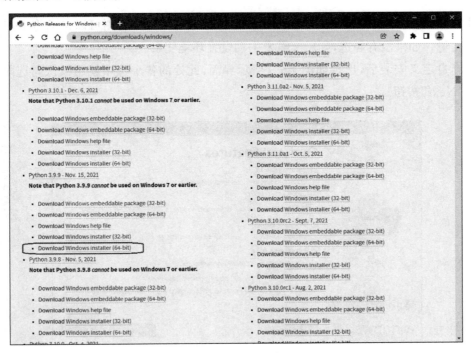

图 1—1　Python 下载页面

注意:这里下载的是 64 位版本,它取决于 Windows 操作系统的位数是 32 位还是 64 位。

1.3.2　安装 Python

双击下载的 Python 安装文件会出现如图 1—2 所示的安装界面。如果直接安装,则单击"Install Now"按钮,文件会自动安装到默认的路径。如果自定义安装,则单击"Customize installation"按钮,之后可以修改安装路径。

图 1—2　安装界面(一)

注意:此处一定要勾选"Add Python 3.9 to PATH"复选框,则可以自动将 Python 加入环境变量。如果没有勾选,则后续需要手动设置环境变量。

选择自定义安装后,出现如图 1—3 所示界面,此处的各个选项就用默认勾选即可,然后单击"Next"按钮。

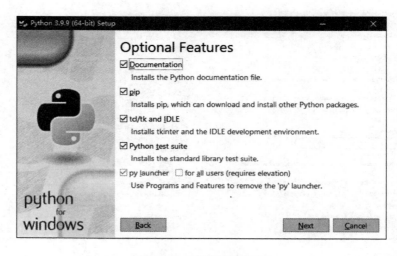

图 1—3　安装界面(二)

进入如图 1—4 所示界面,勾选"Install for all users"复选框,根据实际情况修改软件的安装路径。设置完成后,单击"Install"按钮即可开始安装。

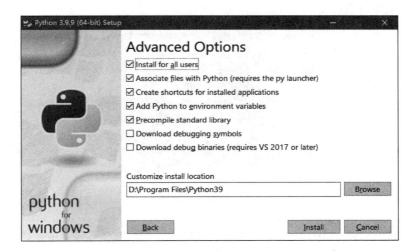

图 1—4　安装界面(三)

安装完成后会出现如图 1—5 所示的提示安装成功界面,直接单击"Close"按钮即可完成安装。

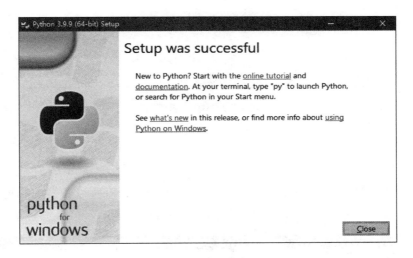

图 1—5　安装界面(四)

1.3.3　Python 开发环境 IDLE 的使用

Python 安装时会自动安装集成开发环境 IDLE,IDLE 提供了两种编程方式给开发者:一种是 Shell 方式,开发者可以直接在 Shell 窗口输入 Python 语句并执行;另一种是文件方式,开发者可以根据提供的文本编辑器编写或修改程序源代码并运行源代码文件。

1. 启动 IDLE

如图 1－6 所示，在 Windows 系统的"开始"菜单中选择 Python 3. 9→IDLE(Python 3. 9 64-bit)选项即可启动 IDLE。

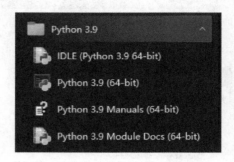

图 1－6　IDLE 启动菜单

启动 IDLE 后，进入如图 1－7 所示的 Shell 界面。"＞＞＞"是 Python 命令提示符，在提示符后可以输入 Python 语句。

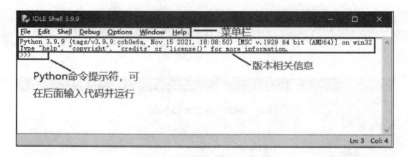

图 1－7　IDLE 界面

2. 交互式运行程序

Shell 窗口提供了一种交互式的使用环境。在"＞＞＞"命令提示符后输入一条语句，按 Enter 键后会立刻执行，如图 1－8 所示。如果输入的是带有冒号和缩进的复合语句(如 if 语句、while 语句、for 语句等)，则需要按两次 Enter 键。

```
IDLE Shell 3.9.9                                    —  □  ×
File  Edit  Shell  Debug  Options  Window  Help
Python 3.9.9 (tags/v3.9.9:ccb0e6a, Nov 15 2021, 18:08:50) [MSC v.1929 64 bit (AMD64)] on win32
Type "help", "copyright", "credits" or "license()" for more information.
>>> print('我爱中国！')
我爱中国！
>>>
                                                    Ln: 5  Col: 4
```

图 1－8　Shell 窗口

初学者可以使用 Shell 窗口练习编程,或者编写代码量比较少的程序。

3. 文件式运行程序

Shell 窗口无法保存代码。关闭 Shell 窗口后,输入的代码就被清除。因此在进行程序开发时,通常需要使用文件编辑方式编写、保存与执行代码。

(1)创建程序文件

在 IDLE Shell 窗口的菜单栏中选择 File→New File 选项可以打开文件编辑窗口,在该窗口中可以直接编写和修改 Python 程序,当输入一行代码后,按 Enter 键可以自动换行,如图 1-9 所示,可以连续输入多条命令语句。标题栏中的"untitled"表示文件未命名,带" * "号表示文件未保存。

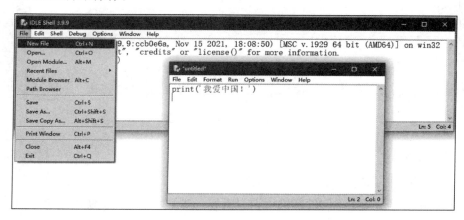

图 1-9　创建 Python 程序文件

(2)保存程序文件

在"文件编辑"窗口中选择 File→Save 选项或者按下快捷键 Ctrl+S 会弹出"另存为"对话框,选择文件的存放位置并输入文件名,例如"first.py",然后单击"保存"按钮即可保存文件,如图 1-10 所示。Python 程序文件的扩展名为"py"。

图 1-10　保存 Python 程序文件

552252622l55262255l52l52

（3）运行程序文件

在"文件编辑"窗口中选择 Run→Run Module 选项或者按快捷键 F5 即可运行程序，如图 1-11 所示。运行结果会在 Shell 窗口中输出。

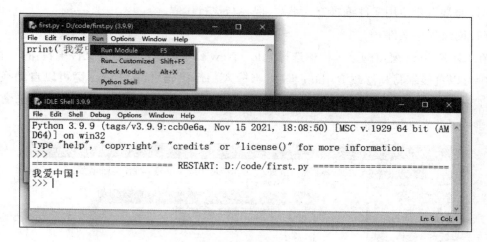

图 1-11　运行 Python 程序

（4）帮助功能

IDLE 环境提供了诸多帮助功能，常见的有以下几种：

①Python 关键字使用不同的颜色标识。例如，print 关键字默认使用紫色标识。

②输入函数名或方法名，再输入紧随的"（"时会出现相应的语法提示，如图 1-12 所示。

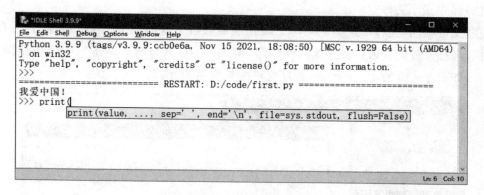

图 1-12　函数名的语法提示

③使用 Python 提供的 help（）函数可以获得相关对象的帮助信息。图 1-13 是获得 print（）函数的帮助信息，在该帮助信息中包括函数的语法、功能描述和各参数的含义等。

④输入模块名或对象名，再输入紧随的"."时，会弹出相应的函数列表框。如图 1-14 所示输入 import 语句，导入 math 模块，按 Enter 键执行。然后输入"math."，稍后会弹出

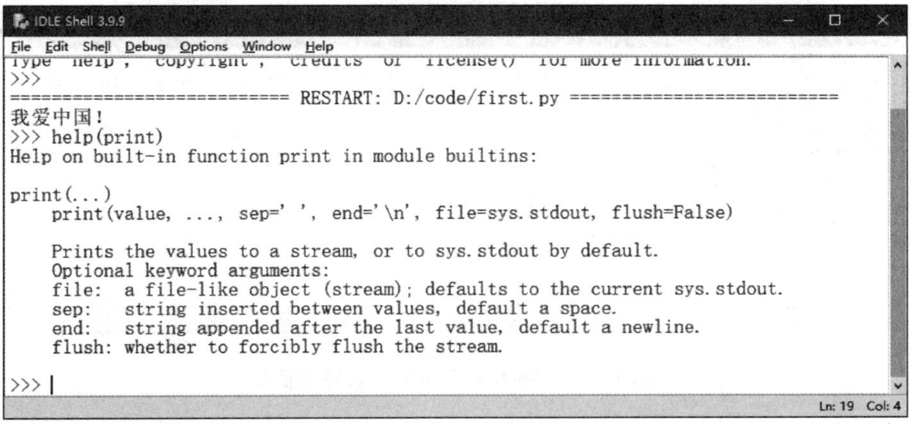

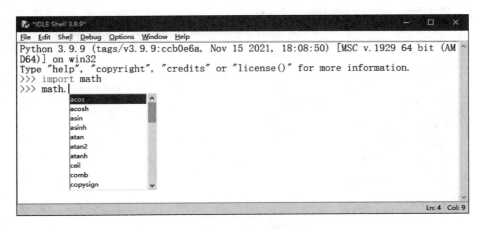

图 1－13 print( )函数的帮助信息

一个列表框，列出了该模块包含的所有数学函数等对象，可以直接从列表中选择需要的函数，代替手动输入。

图 1－14 math 库下的函数选择列表框

（5）Shell 窗口中的错误提示

代码中如果有语法错误，则执行后会在 Shell 窗口显示错误提示。如图 1－15 所示，提示"NameError：name 'printf' is not defined"。阅读该错误的提示信息，知道此处是"名称错误"，进而就可以查出错误的原因。图 1－15 中的错误是函数名"print"拼写错误，写成了"printf"。

（6）Python 文档

Python 文档提供了有关 Python 语言及标准库的详细参考信息，是学习和使用 Python 语言的不可或缺的工具。

在 Windows 系统的"开始"菜单中选择 Python 3.9→Python 3.9 Manuals（64-bit）选

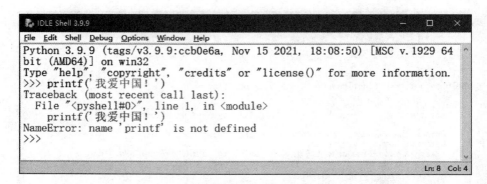

图 1-15 Shell 窗口中的错误提示信息

项(也可以在 IDLE 界面下按 F1),即可打开 Python 文档,如图 1-16 所示。

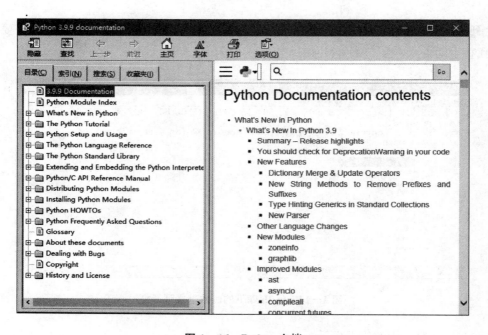

图 1-16 Python 文档

如果要查看本地的 Python 模块(包括内置模块和第三方模块),可以在 Windows 系统的"开始"菜单中选择 Python 3.9→Python 3.9 Module Docs(64-bit)选项,即可打开 Python 模块索引页面,如图 1-17 所示;输入要查询的模块名关键字,找到需要查看的模块帮助文档。

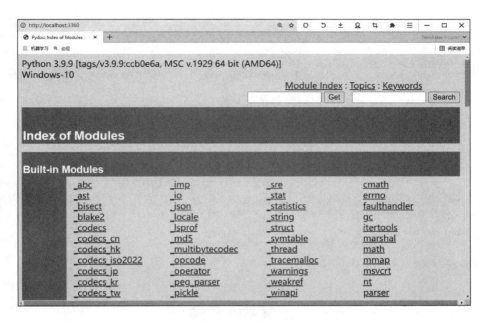

图 1—17　Python 模块索引页面

1.3.4　其他常用的集成开发环境（IDE）

除了 Python 自带的 IDLE 开发环境外，还有很多第三方的集成开发环境，例如：VScode、Spyder、Eclipse、PyCharm、Anaconda 等。这里主要介绍 PyCharm 和 Anaconda 两种常用的 IDE。

1. PyCharm

PyCharm 是一套能够帮助用户高效使用 Python 语言进行开发的工具，如调试、语法高亮、项目管理、代码跳转、智能提示、自动完成、单元测试、版本控制等。

PyCharm 的安装包可以在官方网站（https：//www.jetbrains.com/pycharm）下载，单击 Download 按钮后可以看到两个版本：Professional（专业版）和 Community（社区版）。Professional 是收费版本，Community 是免费版本，具体的安装和使用可以查询相关资料。PyCharm 软件的界面如图 1—18 所示。

2. Anaconda

Anaconda 的安装程序可以在官方网站（https：//www.anaconda.com）下载。Anaconda 是专门为了方便使用 Python 进行数据科学研究而建立的一组软件包，它涵盖了数据科学领域常见的 Python 库，并且自带专门用来解决软件环境依赖问题的 conda 包管理系统。Anaconda 中，Jupyter Notebook 和 Spyder 使用得较多，特别是 Jupyter Notebook，它能够基于网页进行交互式程序运行，其界面如图 1—19 所示。

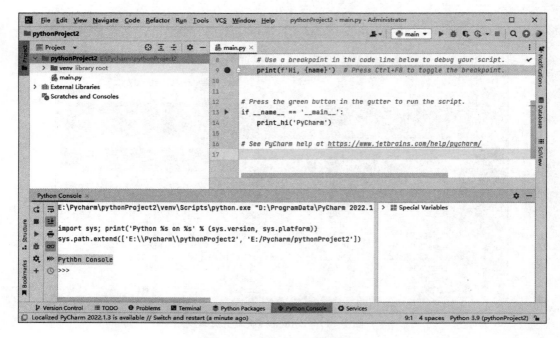

图 1-18　PyCharm 软件界面

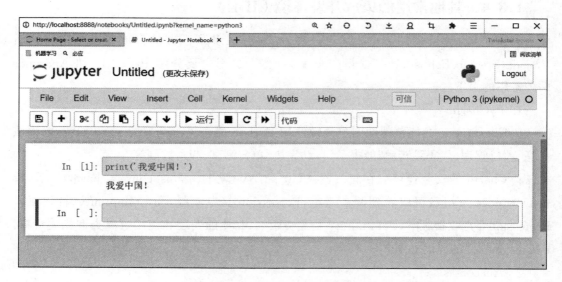

图 1-19　Jupyter Notebook 编程界面

1.4　Python 库

Python 中的库通常是指包含若干模块的文件夹,模块是指包含若干函数定义、类定义或常量的 Python 源程序文件,即扩展名为"py"的文件。

Python 的库主要有三类:内置模块、标准库和第三方库。

1. 内置模块

内置模块随着 Python 解释器安装就已安装,它包含了很多常用的函数,例如 print()、help()、input()等,这些函数可以直接使用。

2. 标准库

标准库也会随着 Python 解释器安装而安装,但是使用标准库的函数时,必须先导入对应的库,例如 math 库、os 库、time 库等。

3. 第三方库

Python 解释器不包含第三方扩展库,扩展库需要单独下载、安装并导入才能使用。用于数据分析、科学计算与可视化的第三方库有 numpy、Scipy、pandas、Matplotlib 等。

PyPI(Python Package Index)是 Python 官方的扩展库索引,所有人都可以到此处下载第三方库或者上传自己开发的库到 PyPI。PyPI 推荐使用 pip 包管理器下载、安装第三方库。

(1)使用 pip 在线安装第三方扩展库

打开 Windows 命令行窗口,在窗口中输入对应的 pip 命令,pip 管理工具会自动下载与当前 Python 版本相匹配的第三方库并安装。例如,用 pip 安装 numpy 第三方库,可以输入如下命令:

```
pip install numpy
```

在安装时,下载安装包的速度比较慢,甚至经常发生安装失败的情况,其原因是第三方库的资源服务器在国外。因此,我们可以将资源的 pip 源更换成国内的 pip 镜像源,常用的镜像有:

①阿里云,https://mirrors. aliyun. com/pypi/simple;

②清华大学,https://pypi. tuna. tsinghua. edu. cn/simple;

③豆瓣源,https://pypi. douban. com/simple;

④中国科技大学源,https://pypi. mirrors. ustc. edu. cn/simple。

使用镜像方法安装,如安装 numpy 库,可以输入如下命令:

```
pip install -i https://pypi.douban.com/simple numpy
```

图 1—20 所示是使用镜像方法安装 numpy 库的界面。

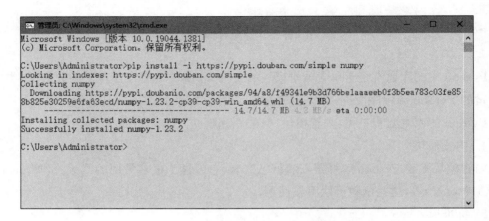

图 1—20　使用镜像方法安装 numpy 库

（2）离线安装第三方扩展库

如果在线安装失败，则可以到 PyPI 的官网（https：//pypi. python. org）下载扩展库编译好的"．whl"文件，然后执行以下 pip 安装命令即可。

```
pip install 扩展库安装包
```

（3）卸载扩展库

如果要卸载已安装的扩展库，则可以使用 pip uninstall 命令。例如，卸载 numpy 扩展库可以输入：

```
pip uninstall numpy
```

图 1—21 所示为卸载 numpy 的界面。

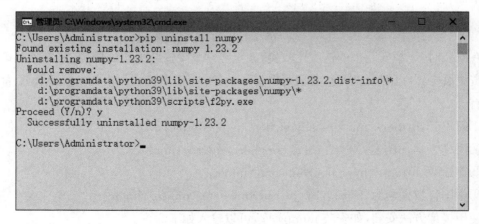

图 1—21　卸载 numpy 库

本章小结 ···

本章介绍了计算机程序与计算机语言的概念、Python 语言的特点、Python 开发环境的安装使用和 Python 库。其主要内容如下：

（1）计算机程序是一组计算机能够识别和执行的指令。

（2）程序开发需要使用计算机编程语言。计算机编程语言经历了机器语言、汇编语言、高级语言等阶段。

（3）Python 是目前世界上最流行的编程语言之一。Python 语言在发展过程中形成了 2.X 和 3.X 两个系列版本。这两个版本之间无法实现兼容，目前 Python 3 是主流版本。

（4）IDLE 是 Python 官方提供的集成开发环境，有两种使用方式。在 Shell 窗口中可以直接输入并执行 Python 指令，进行交互式编程；使用文件编辑方式则是先编写并保存代码，然后可以多次执行文件中的代码程序。

（5）Python 除了自带的 IDLE 开发环境外还有很多第三方的集成开发环境，常用的有 PyCharm、Anaconda、Spyder 等。

（6）Python 之所以功能如此强大，主要取决于它有大量的第三方扩展库的支持，使用这些扩展库也很方便，可以使用 pip 包管理工具进行管理。

练习题

1. 单选题

（1）Python IDLE 的 Shell 窗口中的命令提示符是（　　）。

A. ＞　　　　　　　　B. ＜　　　　　　　　C. ＄　　　　　　　　D. ＞＞＞

（2）以下关于 Python IDLE 的 Shell 窗口编程说法，不正确的是（　　）。

A. Shell 提供了一种交互式的使用环境

B. Shell 提示符后输入一条 print("Hello")语句，按回车键后会立刻执行

C. Shell 适合编写较大的程序

D. Shell 适合练习或者测试代码片段

（3）以下说法中，不正确的是（　　）。

A. 在 Python IDLE 的 Shell 窗口中输入的代码不能直接保存，关闭 Shell 窗口后输入的代码就被清除了

B. 在 Python IDLE 的 Shell 窗口中所有语句都必须在提示符后输入，按回车键执行

C. Python 语句不区分半角符号和全角符号，如可以随意使用中文和英文的逗号、括号等

D. 保存的 Python 文件的后缀名为"py"

(4)若想查看 round 函数的详细帮助信息,可执行的操作是(　　)。

A. show(round)　　　　　　　　　　　B. print(round)

C. help(round)　　　　　　　　　　　D. dir(round)

(5)关于 pip 命令使用,说法不正确的是(　　)。

A. 如果提示 pip 命令找不到,就要考虑 PATH 环境变量是否设置正确

B. pip install 可以自动下载与安装 Python 扩展库

C. 可以先下载 Python 扩展库,保存到计算机,然后再使用 pip 命令从本地安装

D. 已安装的扩展库无法卸载

(6)以下说法不正确的是(　　)。

A. IDLE 中使用不同的颜色表示 Python 关键字

B. IDLE 中输入函数名或方法名后,再输入紧随的左括号会出现相应的语法提示

C. 程序有语法错误,执行时得不到预期结果,在 Shell 中不会给出错误提示

D. 编写的代码中如果有语法错误,执行后 Shell 窗口就会显示错误提示,可以根据提示查找错误原因

(7)以下哪个软件不属于 Python 开发环境(　　)。

A. IDLE　　　　　　B. PyCharm　　　　　　C. Anaconda　　　　　　D. Word

2. 操作题

(1)下载 Python 安装程序并安装。

(2)打开 IDLE 开发环境,并在 Shell 交互式界面下输出"Hello world!"。

(3)在 Shell 交互式界面下进行数学运算。

(4)在 Shell 交互式界面下使用特殊变量"_"。

(5)在 Shell 交互式界面下,运行如下代码:

```
for x in range(10):
  print(x, end = ' ')
```

(6)在 Shell 交互式界面下,使用"quit()"命令退出 IDLE。

(7)使用 IDLE 的文本编辑器,编写 hello.py 程序,将程序源代码保存到自己指定的路径下,尝试用多种方法运行该程序,程序内容如下:

```
print('Hello World!')
print('2 的 10 次方为: ', 2**10)
```

(8)使用 help()函数查看 print()函数的使用方法。

(9)打开 Python 文档,查看相关的帮助信息。

(10)使用 pip 包管理工具安装 pandas 扩展库。

Python 语言基础

了解语言的基本语法和编程规范,是掌握一门编程语言的基础。本章将介绍 Python 语言的基础知识,如变量、运算符、表达式、数据类型、语句、Python 编程规范、函数与模块等内容。

2.1 Python 程序构成与编程规范

2.1.1 Python 程序构成

【例 2.1】 已知圆的半径,求圆的面积。提示:假设圆的半径为 r,则圆的面积 $s = \pi * r * r$。

```
#例2.1
#已知圆半径,求圆面积
import math
PI = 3.14
r = 3
if r > 0:
 s = PI * math.pow(r, 2)
print('圆的面积为: ', s)
```

Python 程序可以分解为模块、语句、表达式和对象。从概念上理解,其对应关系如下:

(1)Python 程序由模块组成,模块对应于扩展名为 .py 的源文件。一个 Python 程序由一个或者多个模块构成。例 2.1 程序由模块"例 2.1.py"和内置模块"math"组成。

(2)模块由语句组成。模块即 Python 源文件。运行 Python 程序时,按模块中的语句顺序,依次执行其中的语句。在例 2.1 程序中,import math 为导入模块语句;if r>0:s= PI * math.pow(r,2)为 if 语句;print('圆的面积为:', s)为调用函数表达式语句;其余的为赋值语句。

（3）语句是 Python 程序的过程构造块，用于创建对象、变量赋值、调用函数、控制分支、创建循环、添加注释等。语句包含表达式。在例 2.1 程序中，以"♯"开始的是注释语句；语句 import math 用来导入 math 模块，并依次执行其中的语句；在语句"PI＝3.14"中，字面量 3.14 创建一个值为 3.14 的 float 型对象，并绑定到变量 PI；在语句"if r＞0：s＝PI * math.pow(r，2)"中，if 为分支结构语句，它先判断后面的条件是否成立，再决定是否执行冒号后面的语句；在语句"print('圆的面积为：', s)"中，调用内置函数 print()，输出对象 s 的值。

（4）表达式用于创建和处理对象。在例 2.1 程序的语句"s＝PI * math.pow(r，2)"中，表达式 math.pow(r，2)调用 math 模块中的 pow()函数，计算参数 r 对象的平方，然后运算结果再传入算术表达式"PI * math.pow(r，2)"，运算结果为一个新的 float 对象，最终绑定到变量 s 中。

2.1.2　Python 编程规范

按照编程规范编写程序不但可以提高编程的正确率，而且能提高程序的可读性。以下是 Python 中比较重要的编程规范。

1. 注释

因为程序中的注释不是为计算机写的，所以注释内容不会被计算机执行。注释是给人看的，它的内容可以是程序员的设计思路、程序的功能、程序实现的原理、每条语句的作用等。简洁明了的注释有助于人们读懂程序，了解程序的用途，同时也有助于程序员本人整理思路、方便回忆。团队合作开发时，注释在不同的程序员之间的交流过程中显得非常重要，所以一定要养成良好的写注释的习惯！

在 Python 中注释方式主要有两种：

（1）单行注释：以"♯"开始，"♯"之后的内容为注释。

（2）多行注释：包含在一对三引号('''''')或(""" """)之间且不属于任何语句的内容。

2. 缩进与冒号

在 Python 中，代码的缩进是一种强制的语法规范，它没有像其他语言采用｛｝来分割代码块，而是采用代码缩进和冒号来区分代码之间的层次或逻辑关系。而缩进的空格数是可变的，在同一个程序的语句里必须包含相同的缩进空格数，一般设置 4 个空格。

在编写程序时，同一级别的代码块的缩进量必须相同！

我们可以通过缩进量的不同来判断本行代码与前后代码的关系。这使得 Python 程序代码层次分明、结构清晰、易于阅读。

3. 适当的空行与必要的空格

空行和空格与缩进不同，缩进是 Python 的语法规则，空行和空格不是 Python 语法的一部分，它只是一种增强代码可读性的编写习惯。

一般来说,运算符两侧、函数参数之间、逗号之后建议使用空格进行分割。不同的功能代码块之间、不同的函数定义之间、不同的类定义之间建议添加一个空行进行分割以增加可读性。

4. 长语句的分割

在编写代码时,一条语句如果很长,一行放不下,既可以使用反斜杠(\\)将一行语句分为多行显示,也可以使用圆括号把这条语句括起来。

5. 没有语句的结束符号

在 Python 中,如果一行代码中只包含一条语句,那么在这条语句的最后没有必要像 C 语言那样添加语句的结束标志符号——分号(";")——来表示一条语句的结束。但如果一行代码中包含多条语句,则可以在语句之间添加分号来分割;而在最后没有必要添加分号来表示语句的结束。

2.2 常量与变量

2.2.1 常量

一般意义上的常量是指不能改变其字面值的量,例如数字常量。而 Python 语言是不支持常量的,因为其没有语法规则来限制改变一个常量的值,在 Python 语言中一般把在程序运行过程中值不会改变的变量声明为常量,约定俗成地使用全大写字母(可以使用下划线)来表示常量名,例如例 2.1 中用 PI 表示圆周率。

2.2.2 变量的创建与使用

1. 变量名

变量是计算机语言中能存储计算结果或能表示值的抽象概念,是用来标识对象或引用对象的。顾名思义,变量的值是可以变化的,编写程序时,人们使用变量来保存要处理的各种数据,可以通过变量名来访问。

在 Python 中,变量、函数、类、模块、包等的名称必须为有效的标识符,所以标识符的命名规则也是变量名的命名规则。标识符的名称一般要遵循以下规则:

(1)首字符必须是字母或下划线,其余字符可以是字母、数字、下划线;

(2)区分大小写;

(3)名字中不能有空格及标点符号(括号、引号、逗号、斜线、反斜线、冒号、句号、问号等);

(4)不能使用关键字(也称保留字)。

这里做几点补充：

（1）以下划线开头的标识符名。这种以下划线开头的标识符，对 Python 解释器来说有特殊意义，它们一般与类的相关特性有关。例如，以单下划线开头的标识符表示不能直接访问的类属性，以双下划线开头的标识符表示类的私有成员，以双下划线作为开头和结尾的标识符表示类的构造函数。因此，在标识符命名时尽量不用下划线开头的名字。

（2）关键字（保留字）。每种编程语言都有固定的关键字，这些关键字都有固定的作用，不能挪作他用。在程序中不能使用关键字作为标识符名。Python 中的关键字有：False，None，True，and，as，assert，break，class，continue，def，del，elif，else，except，finally，for，from，global，if，import，in，is，lambda，nonlocal，not，or，pass，raise，return，try，while，with，yield。

（3）在命名时应尽量做到见名识义。

2. 变量的创建

在 Python 中，变量的创建很简单，使用赋值运算符"="，将值或表达式赋值给变量即可，创建的语法形式为：

```
变量名 = 值或表达式
```

注意：在 Python 中，变量必须在创建和赋值后才能使用。但是它的使用不需要像其他语言，用之前必须事先显示声明变量名及变量的数据类型。直接赋值可创建各种类型的对象变量，而变量的数据类型会根据赋值或运算来自动推断变量的类型。我们可以通过内置函数 type()来查看变量的类型。

3. 变量的管理

Python 是动态的语言，从变量的类型是动态的也可以体现出来。例如有以下几行代码：

```
>>> a = '1'            #变量 a 的类型是字符串
>>> a = 1              #变量 a 的类型是整型
>>> a = (1, 2, 3)      #变量 a 的类型是元组
>>> a = [1, 2, 3]      #变量 a 的类型是列表
```

在这段代码中，变量 a 的类型不断地变化，这种情况在 C 语言中是绝对不行的，而在 Python 却可以，变量的类型都是在运行时实时动态确定的。

当创建一个变量时，这个变量就会获得一个身份 id（内存地址），类似于 C 语言中的指针，例如运行创建一个变量并赋值 3 语句：

```
a = 3
```

即在计算机内存里开辟一块空间用来存放整型数值 3，而变量 a 指向这块内存空间。如果我们再运行如下语句：

```
b = a
```

那么在 Python 中这个 b 的指向和 a 指向是同一块空间,即具有相同 id。我们可以通过语句:id(a)和 id(b),来验证。内置函数 id()的功能是用来查看变量的内存地址 id。

【例 2. 2】　使用 id()函数查看变量的内存地址。

程序代码及其运行结果如下:

```
>>> a = 3
>>> b = 3
>>> c = a
>>> print('变量 a 的内存地址为: {}'.format(id(a)))
变量 a 的内存地址为: 1781035723120
>>> print('变量 b 的内存地址为: {}'.format(id(b)))
变量 b 的内存地址为: 1781035723120
>>> print('变量 c 的内存地址为: {}'.format(id(c)))
变量 c 的内存地址为: 1781035723120
```

Python 采用的是基于值的内存管理方式,如果将不同变量赋值为相同值,那么这个值在内存中只有一份,多个变量指向同一块内存空间。

Python 具有自动内存管理功能,对于没有任何变量指向的值,Python 自动将其删除。Python 会跟踪所有的值,并自动删除不再有变量指向的值,因此,Python 程序员一般不用考虑内存管理问题。

2.3　数据类型

程序＝算法＋数据结构。数据结构是数据的组织形式,即数据在计算机内的存储方式。既然要存储,就要给数据存储空间。而实际应用中根据不同的应用场合要用到各种各样的数据,例如文本、图形、音频、视频等,不同的数据被分配的存储空间也不一样。

Python 中,每个对象都有一个数据类型。Python 数据类型定义为一个值的集合以及定义在这个值集上的一组运算操作。一个对象上可执行且只允许执行其对应数据类型上定义的操作。学习数据类型时,需要重点关注该数据类型的值、取值范围及其可以进行的操作。例如,整数类型可以进行加、减、乘、除等操作,字符串类型可以进行拼接、查找、替换等操作。

Python 中基本的数据类型主要有:整型(int)、浮点型(float)、布尔型(bool)和字符串类型(str)。

2.3.1　整型（int）

整型用 int 表示,通常表示整数,可以是正整数、零或者负整数,但不带小数点。整型可以用多种进制表示,但默认为十进制。

对于整数类型来说,因为 Python 并没有限定整型数值的取值范围,所以几乎不用担心范围的溢出问题。但实际上由于机器内存是有限的,因此使用的整型数值也不可能无限大。

为了区分不同的进制表示,通常用不同的标记表示不同的进制。十进制为默认进制,不需要标记;0b 或 0B 开头表示二进制(数字 0,字母 b 或 B);0o 或 0O 开头表示八进制(数字 0,小写字母 o 或大写字母 O);0x 或 0X 开头表示十六进制(数字 0,小写字母 x 或大写字母 X)。例如:110(十进制)、—110(十进制)、0o110(八进制)、0b110(二进制)、0x110(十六进制)。

【例 2.3】 不同进制整数数据使用示例。

程序代码及其运行结果如下:

```
>>> a = 110
>>> b = -110
>>> c = 0o110
>>> d = 0b110
>>> e = 0x110
>>> print(a, b, c, d, e, sep = ',')
110,-110,72,6,272
```

Python 中提供了 int()函数,用于将小数或字符串转换成整数。

【例 2.4】 使用 int()函数将小数或字符串转换成整数。

程序代码及其运行结果如下:

```
>>> int(3.14)
3
>>> int('77')
77
```

2.3.2 浮点型(float)

Python 中的浮点型有两种表示方式:小数形式和科学计数法形式。科学计数法中使用大写字母 E 或小写字母 e 表示 10 的指数,后面只能跟一个整数,不能是小数。例如:3.14、3.14E5、3.14e-2 等。

【例 2.5】 浮点型数据使用示例。

程序代码及其运行结果如下:

```
>>> a = 3.14
>>> b = 3.14e4
>>> c = 3.14E-3
>>> print(a, b, c, type(a), sep = ',')  #type()函数用来查看变量的数据类型
3.14,31400.0,0.00314,<class 'float'>
```

Python 中提供了 float()函数,用于将数字或字符串转换成浮点数。

【例 2.6】　使用 float()函数将数字或字符串转换为浮点数。

程序代码及其运行结果如下:

```
>>> float(77)
77.0
>>> float('3.14')
3.14
```

2.3.3　布尔型(bool)

布尔型是用来表示逻辑"是"或"非"的一种数据类型,是 int 类型的子类,它只有两个值:True 和 False(注意首字母是大写的)。

布尔数值可以隐式转换为整数类型使用,默认 Ture 等价于整数 1,False 等价于整数 0。

【例 2.7】　将布尔数值当整数数值使用。

程序代码及其运行结果如下:

```
>>> type(True)    #查看 True 的数据类型
<class 'bool'>
>>> type(False)     #查看 False 的数据类型
<class 'bool'>
>>> 2 + True
3
>>> 2 + False
2
```

Python 中提供了 bool()函数,用于将其他类型的数据转化成布尔型数据。对于数值型数据,0 等价于 False,任何非 0 数据等价于 True。对于序列数据,非空数据等价于 True,空值数据等价于 False。

【例 2.8】　使用 bool()函数将其他数据类型转换成布尔型数据。

程序代码及其运行结果如下:

```
>>> bool(9.5)
True
>>> bool(-123)
True
>>> bool(0)
False
>>> bool('abc')
True
>>> bool([1,2,3])
True
```

```
>>> bool(None)
False
>>> bool({})
False
```

2.3.4　字符串类型

Python 中的字符串属于不可变序列,是用单引号($'$)、双引号($"$)、三单引号($'''$)或三双引号($"""$)等界定符括起来的字符序列。为了简化对字符及字符串的操作,Python 不支持字符类型,没有字符的概念,单字符在 Python 中也是作为一个字符串存在。对于字符串内容中包含单引号或双引号等特殊情况,可以采用在单引号里面嵌套双引号,或在双引号里面嵌套单引号的方式来实现。

1. 创建和访问字符串

Python 中字符串的表示方式有如下三种:

(1)普通字符串:使用单引号($'$)或双引号($"$)括起来的字符串;

(2)原始字符串:在普通字符串前加字符 r 或 R,字符串中的特殊字符不需要转义,按照字符串的本来面目呈现;

(3)长字符串:字符串中包含了换行符、缩进符等排版字符,可以使用三单引号($'''$)或三双引号($"""$)括起来。

【例 2.9】　字符串示例。

程序代码及其运行结果如下:

```
>>> str1 = 'abc\ndef'    #普通字符串
>>> str2 = r'abc\ndef'    #原始字符串
>>> str3 = '''abc        #长字符串
  def
  '''
>>> print(str1)
abc
def
>>> print(str2)
abc\ndef
>>> print(str3)
abc
  def
>>> print(str2)
abc\ndef
>>> print(str3)
abc
  def
```

2.转义字符

一些特殊的、难以输入的字符,例如换行符、退格符等,可采用转义字符来实现。Python 中用反斜杠(\)加转义字母来表示转义字符。常见的转义字符如表 2—1 所示。

表 2—1　　　　　　　　　　　　　常见的转义字符

转义字符	转义字符功能
\t	水平制表符
\n	换行
\r	回车
\"	双引号
\'	单引号
\\	反斜杠

3.字符串格式化输出

我们可以利用字符串格式化方法,把一个或多个不是字符串数据类型的输出对象转换成字符串输出。格式化字符串是一个输出格式的模板,该模板中使用字符串格式符作为占位符,为该位置上的实际值指明了数据类型。

【例 2.10】　字符串格式化示例。

程序代码及其运行结果如下:

```
>>> print('我的名字叫%s, 今年%d 岁' % ('张三', 20))
我的名字叫张三, 今年 20 岁
```

该例是将一个元组中的两个值传给前面字符串中的模板,每个值按从左到右的顺序添加到字符串格式符。此处将'张三'插入%s 位置,将 20 插入%d 位置。

Python 中常用的字符串格式化符号及含义如表 2—2 所示。

表 2—2　　　　　　　　　　常用的字符串格式化符号及其含义

符　号	含　　义	符　号	含　　义
%c	单个字符	%s	字符串
%d	十进制整数	%o	八进制整数
%x	无符号十六进制整数	%b	二进制整数
%f	浮点数,可指定小数位数	%e	科学计数法表示的浮点数,基底为 e
%E	作用同%e,基底为 E	%g	根据数据的大小决定使用%f 或%e
%G	作用同%g,根据数据的大小决定使用%f 或%E	%%	"%"字符

【例 2.11】 字符串格式化示例。

程序代码及其运行结果如下：

```
>>> charA = 65
>>> Num1 = 0xF
>>> Num2 = 3.14
>>> Num3 = 113000
>>> print('ASCII 码 65 代表:%c' % charA)
ASCII 码 65 代表: A
>>> print('Num1 的值为 % d, Num2 的值为 f' % (Num1, Num2))
Num1 的值为 15, Num2 的值为 3.140000
>>> print('将 Num3 以科学计数法显示:%e' % Num3)
将 Num3 以科学计数法显示: 1.130000e+05
```

2.4 表达式与运算符

2.4.1 表达式

表达式是可以计算的代码片段，由操作数、运算符和圆括号按一定规则组成。操作数可以是变量、常量或函数等。表达式经过运算后得到一个确定的值，该值的数据类型由操作数及运算符共同决定。

Python 表达式的书写要遵循一定的规则，例如：

（1）表达式从左到右在同一基准上书写。例如，数学式子：a2+b2，可以写成：a * * 2 + b * * 2。

（2）乘号不能省略。例如，数学式子：ab（表示 a 乘以 b），可以写成：a * b。

（3）括号必须成对出现，而且只能使用圆括号，圆括号之间可以嵌套使用。

【例 2.12】 复杂表达式示例。

数学表达式 $\cos[2(x+1)+ a]/2$ 写成 Python 表达式为：

```
math.cos(2 * (x + 1) + a) / 2
```

2.4.2 常用的运算符

运算符指示操作数适用什么样的运算。Python 中提供了如下几类运算符：算术运算符、关系运算符、逻辑运算符、复合赋值运算符、位运算符、成员运算符、身份运算符。

1. 算术运算符

算术运算符用于执行加、减、乘、除、取余等数学运算，常用的算术运算符如表 2—3 所示。

表 2—3　　　　　　　　　　　　　　常用算术运算符

运算符	功能说明	示　例	示例运行结果
＋	算术加法，或序列连接符	1＋1，'ab'＋'cd'	2，'abcd'
－	算术减法，或负号	10－2	8
*	算术乘法，或序列重复	2 * 3，[1,2] * 2	6，[1,2,1,2]
/	两数相除	3/4	0.75
//	向下取整，如果运算数有浮点数，结果为浮点数	4//3，4//3.0	1，1.0
%	求余数，如果运算数有浮点数，结果为浮点数	8%5，8%5.0	3，3.0
**	幂运算	2 ** 3	8

2. 关系（比较）运算符

关系运算，即比较两个对象的关系，用关系运算符连起来的表达式称为关系表达式。常用的关系（比较）运算符如表 2—4 所示。

表 2—4　　　　　　　　　　　　　　关系（比较）运算符

运算符	功能说明	示例(x＝7，y＝10)	示例运行结果
＝＝	相等	x＝＝y	False
！＝	不相等	x！＝y	True
＞	大于	x＞y	False
＜	小于	x＜y	True
＞＝	大于或等于	x＞＝y	False
＜＝	小于或等于	x＜＝y	True

特别注意的是，操作数之间必须是可以比较大小的，比较的结果是布尔型数据，即为 True 或 False。

当一个表达式里有多个关系运算符时，称为连续不等式，例如："3＜4＜7"等价于"3＜4 and 4＜7"，即两个关系运算的相与。

连续不等式里有个"惰性"运算法则，按从左到右的顺序运算，当前面的运算为 False 时，后面的运算就不进行了，继而最终的结果为 False。

3. 逻辑运算符

逻辑运算也称布尔运算，运算的结果一般为布尔型数据：真（True）和假（False）。逻辑运算有三种：not（逻辑非运算）、and（逻辑与运算）、or（逻辑或运算），如表 2—5 所示。

表 2—5   逻辑运算符

运算符	功能说明	示例(x=7,y=10)	示例运行结果
not	逻辑非	not x>5	False
and	逻辑与	x>5 and y≤5	False
or	逻辑或	x>5 or y≤5	True

not 运算的结果一定为 True 或 False;而 and 运算和 or 运算并不一定会返回 True 或 False,是得到最后一个被计算的表达式的值。

and 运算和 or 运算也具有"惰性"运算特点,当操作数 x 为 False 时,x and y 运算会忽视 y 的值,直接返回 False;当操作数 x 为 True 时,x or y 运算会忽视 y 的值,直接返回 True。

4. 复合赋值运算符

Python 支持算术运算符与赋值运算符联合使用,形成复合运算符,其等价于先执行算术运算符,然后对结果进行赋值运算。常用的复合赋值运算符如表 2—6 所示。

表 2—6   复合赋值运算符

运算符	功能说明	示 例	等价于
+=	加法赋值运算符	x+=y	x=x+y
—=	减法赋值运算符	x—=y	x=x—y
*=	乘法赋值运算符	x*=y	x=x*y
/=	除法赋值运算符	x/=y	x=x/y
%=	取余赋值运算符	x%=y	x=x%y
//=	取整赋值运算符	x//=y	x=x//y
**=	幂赋值运算符	x**=y	x=x**y

5. 位运算符

位运算符的操作对象是整数型数据,它将数字看作对应的二进制数来运算,具体的位运算符如表 2—7 所示。

表 2—7　　　　　　　　　　　　　　　　　位运算符

运算符	功能说明	示例(x=7,y=10)	示例运行结果
&	按位与	x&y	2
|	按位或	x|y	15
~	按位取反	~x	−8
^	按位异或,当两操作数相异时结果为 True	x^y	13
≪	按位左移	x≪2	28,表示数字 x 按位左移 2 位,尾部两位用 0 补足
≫	按位右移	y≫2	2,表示数字 y 按位右移 2 位,尾部两位舍弃

6.成员运算符

成员运算符用于判断对象是否在指定的序列或集合中,其运算结果为 True 或 False。具体的成员运算符如表 2—8 所示。

表 2—8　　　　　　　　　　　　　　　　　成员运算符

运算符	功能说明	示　例	示例运行结果
in	判断对象是不是序列或集合的元素,若是则返回 True,否则返回 False	1 in [1,2,3]	True
not in	判断对象是不是序列或集合的元素,若不是则返回 True,否则返回 False	1 not in [1,2,3]	False

7.身份运算符

身份运算符用于判断两个对象是否为同一个对象或内存地址是否相同,其运算结果为 True 或 False。具体的身份运算符如表 2—9 所示。

表 2—9　　　　　　　　　　　　　　　　　身份运算符

运算符	功能说明	示　例	示例运行结果
is	判断两个对象是不是同一个对象或内存地址是不是相同,若是则返回 True,否则返回 False	1 is 1	True
is not	判断两个对象是不是同一个对象或内存地址是不是相同,若不是则返回 True,否则返回 False	1 is not 1	False

2.4.3　运算符优先级

在 Python 中,一个表达式中可以有多个运算符,不同的运算符具有不同的优先级,这与数学四则运算里的先算乘除再算加减相类似。当表达式中包含多个运算符时,如果运算符优先级相同,则按从左到右的顺序执行;如果优先级不同,则根据运算符的优先级依次执行;也可以通过加圆括号的方式来改变运算符的执行顺序。Python 运算符的优先级如表 2—10 所示(从上到下优先级为依次降低)。

表 2—10　　　　　　　　　　　　　运算符优先级

运算符	功能说明
$**$	幂运算
$\sim$	按位取反
$+,-$	正号、负号
$*,/,\%,//$	乘、除、取余、取整
$+,-$	加、减
$\gg,\ll$	按位右移、按位左移
$\&$	按位与
$\wedge$	按位异或
$\mid$	按位或
$<,<=,>,>=,==,!=$	关系运算符
$=,\%=,/=,//=,-=,+=,=,*=$	赋值运算符
is,is not	身份运算符
in, not in	成员运算符
not	逻辑非
and,or	逻辑与、逻辑或

2.5　语　句

2.5.1　语句概述

语句就是完整执行一个任务的一行逻辑代码。它是 Python 程序的过程构造块,可以用于定义函数、定义类、创建对象、变量的赋值、调用函数、控制分支、创建循环等。语句和表达式的区别是,语句完成一个独立的任务,表达式是作为语句的组成部分。

Python 语句分为简单语句和复合语句。简单语句包括表达式语句、赋值语句、assert 语句、pass 空语句、del 语句、return 语句、yield 语句、raise 语句、break 语句、continue 语句、import 语句、global 语句、nonlocal 语句等。复合语句包括 if 语句、while 语句、for 语句、try 语句、with 语句、函数定义、类定义等。

2.5.2　复合语句

由多行代码组成的语句称为复合语句。复合语句(条件语句、循环语句、函数定义和类定义,例如 if、for、while、def、class 等)由头部语句和构造体语句块组成。构造体语句块由一条或多条语句组成。复合语句和构造体语句块的缩进书写规则如下:

(1)头部语句由相应的关键字(例如 for)开始,构造体语句块则为下一行开始的一行或多行缩进代码。

【例 2.13】　复合语句示例。

程序代码及其运行结果如下:

```
>>> sum = 0
>>> for i in range(11):
    sum += i
    print(i, end = ' ')
0 1 2 3 4 5 6 7 8 9 10
>>> print('sum = %d' % sum)
sum = 55
```

(2)如果条件语句、循环语句、函数定义和类定义比较短,可以放在同一行。例如:

```
>>> for i in range(11): print(i)
```

2.5.3　空语句 pass

如果要表示一个什么事情都不做的空代码块,可以使用 pass 语句。例如:

```
>>> def function():
    pass
```

2.6　基本输入/输出

一般来说,在程序中都需要输入数据和输出结果。输入是指程序捕获用户通过输入设备(如键盘、鼠标、扫描仪等)输入的信息或数据,而输出则是指程序通过输出设备(如显示器、打印机等)向用户显示程序运行的结果。

在 Python 中,可通过 input()函数获取用户的键盘输入,使用 print()函数打印输出。

2.6.1　input()函数

无论用户输入的是数值还是字符串等数据类型,该函数都将返回字符串类型。其语法形式为：

```
x = input(prompt = None)
```

其中，prompt 表示提示信息，默认为空；如果不为空，则显示提示信息。调用 input()函数后，程序将暂停运行，等待用户输入。用户输入完毕后按回车键，input()函数将用户输入作为一个字符串返回，并自动忽略换行符。该函数可以作为独立的语句使用，也可以将其返回结果赋给变量。

【例 2.14】 input()函数使用示例。

程序代码及其运行结果如下：

```
>>> x = input('请输入你的数据：')
请输入你的数据：24
>>> type(x)
<class 'str'>
>>> y = int(input('请输入你的数据：'))
请输入你的数据：12
>>> type(y)
<class 'int'>
>>> z = float(input('请输入你的数据：'))
请输入你的数据：36
>>> type(z)
<class 'float'>
```

由上例可见，input()函数的返回值类型是 str。因此，如果程序中需要用到数值型数据，就要用 int()或 float()等函数将输入的数据转换成需要的数据类型。

2.6.2　print()函数

在 Python 中，使用 print()函数将结果输出，该函数的使用语法形式为：

```
print(value, ... , sep = ' ', end = '\n')
```

其中，各参数含义如下：

（1）value：表示需要输出的内容对象，一次可以输出一个或者多个对象（其中"…"表示任意多个对象）；当输出多个对象时，对象之间要用逗号分隔。

（2）sep：表示输出对象之间的间隔符，默认为空格。

（3）end：表示函数输出的结尾字符，默认值是换行符"\n"，表示输出完成后自动换行。

【例 2.15】 print()函数使用示例。

程序代码及其运行结果如下：

```
>>> print('Hello', 'World', '!')      #输出 3 个对象，对象之间用逗号分隔
Hello World !
>>> print('Hello', 'World', '!', sep = '#')      #输出 3 个对象，输出时对象之间用
"#"分隔
Hello#World#!
>>> print('Hello World !')      #输出 1 个对象
Hello World !
>>> print('Hello World ', end = '@')      #输出 1 个对象，使用"@"结尾
Hello World @
```

2.7　函数与模块

2.7.1　函数

在实际的应用中，遇到要解决大规模问题时，我们会采用结构化的思路来解决问题，就是把大问题分解成若干个功能模块。在程序设计中我们也经常采用这样的思路来解决问题，即把一个比较大的程序分解成若干个功能模块，这些功能模块被称为函数。

Python 中的函数包括内置函数、标准库函数、第三方库函数和用户自定义函数等。这里先简要介绍内置函数。

内置函数是指不需要导入任何模块即可直接使用的函数，例如前面用的 print()函数、id()函数等。我们可以使用 dir(__builtins__)函数列出 Python 中的所有内置函数，如图 2—1 所示。

```
>>> dir(__builtins__)
['ArithmeticError', 'AssertionError', 'AttributeError', 'BaseException', 'BlockingIOEr
ror', 'BrokenPipeError', 'BufferError', 'BytesWarning', 'ChildProcessError', 'Connecti
onAbortedError', 'ConnectionError', 'ConnectionRefusedError', 'ConnectionResetError',
'DeprecationWarning', 'EOFError', 'Ellipsis', 'EnvironmentError', 'Exception', 'False'
, 'FileExistsError', 'FileNotFoundError', 'FloatingPointError', 'FutureWarning', 'Gene
ratorExit', 'IOError', 'ImportError', 'ImportWarning', 'IndentationError', 'IndexError
', 'InterruptedError', 'IsADirectoryError', 'KeyError', 'KeyboardInterrupt', 'LookupEr
ror', 'MemoryError', 'ModuleNotFoundError', 'NameError', 'NotADirectoryError',
'NotImplemented', 'NotImplementedError', 'OSError', 'OverflowError', 'PendingDeprecati
onWarning', 'PermissionError', 'ProcessLookupError', 'RecursionError', 'ReferenceError
', 'ResourceWarning', 'RuntimeError', 'RuntimeWarning', 'StopAsyncIteration', 'StopIte
ration', 'SyntaxError', 'SyntaxWarning', 'SystemError', 'SystemExit', 'TabError', 'Tim
eoutError', 'True', 'TypeError', 'UnboundLocalError', 'UnicodeDecodeError', 'UnicodeEn
codeError', 'UnicodeError', 'UnicodeTranslateError', 'UnicodeWarning', 'UserWarning',
'ValueError', 'Warning', 'WindowsError', 'ZeroDivisionError', '_', '__build_class__',
'__debug__', '__doc__', '__import__', '__loader__', '__name__', '__package__', '__spec
__', 'abs', 'all', 'any', 'ascii', 'bin', 'bool', 'bytearray', 'bytes', 'callable', 'c
hr', 'classmethod', 'compile', 'complex', 'copyright', 'credits', 'delattr', 'dict',
'dir', 'divmod', 'enumerate', 'eval', 'exec', 'exit', 'filter', 'float', 'format', 'fro
zenset', 'getattr', 'globals', 'hasattr', 'hash', 'help', 'hex', 'id', 'input', 'int',
'isinstance', 'issubclass', 'iter', 'len', 'license', 'list', 'locals', 'map', 'max',
'memoryview', 'min', 'next', 'object', 'oct', 'open', 'ord', 'pow', 'print', 'property
', 'quit', 'range', 'repr', 'reversed', 'round', 'set', 'setattr', 'slice', 'sorted',
'staticmethod', 'str', 'sum', 'super', 'tuple', 'type', 'vars', 'zip']
```

图 2—1　Python 内置函数

由于内置函数众多且功能强大，我们将在后面讲解相关内置函数的用法，也可以借助第 1 章介绍的 help() 函数获得内置函数的帮助文档。

2.7.2 模块

安装 Python 后，我们可以直接使用内置函数，但是内置函数的功能有限，那么 Python 强大的功能又是靠什么来支撑呢？这就不得不提模块这一概念。Python 的优势之一就是具有广泛的用户群和众多的社区志愿者，他们提供了非常丰富的实用模块，毫不夸张地说每天都有新的模块添加到 Python 中。Python 模块分为标准模块（也称标准库）和第三方模块（也称第三方库）。而模块里面包含各种功能的函数。

安装 Python 后，随着 Python 解释器一起安装的模块称为标准模块（也称标准库）。在使用标准库中的函数时，我们要先导入该标准模块，这些模块包括 copy，sys，math，random 等。

但是更多的模块并不是 Python 的标准库，而是第三方库，在使用前要先安装，我们可以使用第 1 章介绍的 pip 包管理工具来安装，待安装后，再导入。

接下来，我们介绍如何导入标准模块或第三方模块。

1. import 模块名［as 别名］

使用这种方式导入模块后，需要在使用的对象前加上前缀，即以"模块名. 对象名"的方式访问对象。方括号里的内容是可选项，即可以给导入的模块名起一个别名，下次使用该模块时就可以用这个别名来引用对象，即以"别名. 对象名"的方式使用对象。

【例 2.16】 模块导入示例 1。

程序代码及其运行结果如下：

```
>>> import math      #导入标准库 math
>>> print(math.cos(2))      #使用 math 库中的 cos()函数求 2 的余弦值
-0.4161468365471424
>>> import numpy as np      #导入第三方库 numpy，并给该库取别名 np
>>> arr = np.array((1, 2, 3))      #使用 numpy 库中的 array()函数，生产一个数组
>>> print(arr)
[1 2 3]
```

2. from 模块名 import 对象名［as 别名］

利用上面的方法导入模块后，使用模块的对象时必须要显式地给出模块名，有时编程时会感觉烦琐，例如我们很明确地知道要用标准模块 math 的 sin 函数，那就可以用"from math import sin"方式仅导入 sin 对象，接下来用 sin() 函数时就不需要带前缀模块名 math。这种导入方式可以减少查询次数，提高访问速度。我们也可以给导入的对象名设置一个别名。

【**例 2.17**】　模块导入示例 2。

程序代码及其运行结果如下：

```
>>> from math import sin    #导入math库中的sin()函数
>>> sin(0.5)
0.479425538604203
>>> from math import sin as f    #导入math库中的sin()函数,并给该函数设置别
名f
>>> f(0.5)
0.479425538604203
```

有时我们为了省事，会把某一模块下面的所有对象一次性导入，方法如下：

```
from 模块名 import *
```

但是要注意，我们一般不提倡使用这种方法导入模块的对象，如果多个模块中有同名的对象时，这种方式就会导致混乱！

➡ 本章小结

本章介绍了 Python 编程规范、变量的使用、数据类型、表达式与运算符、语句、基本输入\输出、函数与模块。其主要内容如下：

（1）每种语言都有自己的编程规范，Python 语言相对其他编程语言有着更为严苛的编程规范，这些编程规范是保证程序高效、稳定运行的基础。

（2）变量的使用是一门编程语言的基础，Python 中变量的使用方式更为灵活，但在使用时，要注意变量的命名规则，区分大小写，不能用关键字，尽量做到见名知意；数据类型取决于赋值的数据。

（3）数据类型用来定义数据的类别以及可以进行的操作。Python 基本数据类型主要有整型、浮点型、布尔型和字符串类型。

（4）表达式是可以计算的代码片段，由操作数、运算符和圆括号按一定规则组成。Python 支持算术运算符、关系运算符、逻辑运算符、位运算符、复合运算符、成员测试运算符等。运算符对于不同数据类型的对象具有不同的含义，不同的运算符具有不同的优先级。

（5）语句是完整执行一个任务的一行逻辑代码，可以用语句定义函数、定义类、创建对象、赋值变量、调用函数、控制分支、创建循环等。

（6）Python 中通过 input() 和 print() 函数输入与输出数据。

练习题

1. 选择题

（1）关于 Python 注释，以下描述错误的是（　　）。

A. Python 注释语句不被执行

B. 注释可以用来说明作者和版权信息

C. 注释可以用来解释代码原理或者用途

D. 单行注释只能用"♯"表示

（2）以下关于 Python 的缩进，不正确的说法是（　　）。

A. 缩进是非强制性的，仅为了提高代码可读性

B. 不正确的缩进会影响程序执行的正确性

C. 相同的缩进表示同一级别的语句块

D. 缩进可以使用 Tab 或空格，不要将两者混合使用

（3）以下关于 Python 变量的说法，错误的是（　　）。

A. 变量的值可以改变，但数据类型不可以任意改变

B. 变量的值和数据类型都可以改变

C. 通过赋值语句可以创建各种类型的对象变量

D. 变量的数据类型由 Python 解释器自动推断

（4）以下 Python 变量的命名，正确的是（　　）。

A. bookt_name8　　　B. import　　　　　C. 8name　　　　　D. book name

（5）以下关于 Python 的赋值说法，错误的是（　　）。

A. Python 中同一个变量名在一段代码的不同位置可以被赋予不同类型的值

B. Python 赋值时变量名大小写不敏感

C. Python 中不需要显式声明变量的类型，根据"值"确定类型

D. Python 支持链式赋值和多重赋值

（6）下面代码的输出结果是（　　）。

```
x=10
y=4
print(x/y, x//y)
```

A. 2 2.5　　　　　B. 2.5 2.5　　　　　C. 2.5 2　　　　　D. 2 2

（7）下面代码的输出结果是（　　）。

```
x=10
y=3
print(x%y, x**y)
```

A. 1　1000　　　　B. 3　30　　　　　C. 3　1000　　　　D. 1　30

(8)在 Python 表达式中,若要明确或改变运算顺序,则可以使用(　　)。

A. [ ]　　　　　　　B. { }　　　　　　　C. ( )　　　　　　　D. < >

(9)以下表达式中,运算结果是 False 的选项是(　　)。

A. 'abc'<'ABC'

B. 8>4>2

C. (3 is 4)==0

D. 9<1 and 10<9 or 2>1

(10)语句 print(3 ** 3)的结果是(　　)。

A. 9　　　　　　　　B. 27　　　　　　　C. 6　　　　　　　　D. 报错

(11)下面代码的输出结果是(　　)。

```
x=12.34
print(type(x))
```

A. <class 'float'>

B. <class 'complex'>

C. <class 'bool'>

D. <class 'int'>

(12)下面代码的输出结果是(　　)。

```
a=12.34
print(int(a))
```

A. 12.34　　　　　B. 12　　　　　　　C. a　　　　　　　　D. int(a)

(13)Python 中布尔变量的值为(　　)。

A. true,flase　　　B. True,False　　　C. T,F　　　　　　　D. 真,假

(14)以下表达式的值为 True 的是(　　)。

A. 'he'==' he' ♯后边字符串是空格开头　　B. 'he'=='he'

C. 'he'=='He'　　　　　　　　　　　　　D. 'big'>'small'

(15)Python 程序中,不同类型的对象(　　)。

A. 可以存储不同形式的数据,但都支持相同的操作

B. 可以存储不同形式的数据,支持不同的操作

C. 可以存储相同形式的数据,支持相同的操作

D. 可以存储相同形式的数据,但支持不同的操作

(16)Python 中 input()函数的返回值的类型(　　)。

A. 都是字符串　　　　　　　　　　B. 都是数字

C. 可以是字符串或数字　　　　　　D. 可以是任意类型

(17)导入 math 模块的命令是(　　)。

A. import　　　　　B. input　　　　　　C. print　　　　　　D. from

2. 编程题

(1)输入两个实数 x 和 y，分别输出两数的加、减、乘、除的结果，计算结果四舍五入，保留 2 位小数。

(2)输入未知数 x 的值（x 的值为实数），求方程 $y=2x^3+x^2-7x+15$ 所对应的 y 值。

(3)编写程序，输入一个 9 位的整数，将其分解为 3 个 3 位的整数并输出，其中个、十、百位为一个整数，千、万、十万位为一个整数，百万、千万、亿位为一个整数。例如，123456789 分解为 123、456 和 789。

(4)编写程序，从键盘输入一个 4 位正整数（假设个位不为 0），输出该数的反序数。反序数即原数各位上的数字颠倒次序所形成的另一个整数。例如，1234 的反序数是 4321；2468 的反序数是 8642。

(5)从键盘输入两个整数分别赋给变量 x,y；编写程序至少使用两种方法交换变量 x，y 的值。

(6)Python 期末考核成绩由平时成绩和期末卷面成绩两部分构成，两部分所占比例分别为 40% 和 60%，输入你的平时成绩和期末卷面成绩，请计算你的期末考核成绩。

程序控制结构

在结构化的程序设计方法中,无论多么复杂的程序都是由顺序结构、选择结构和循环结构三种基本控制结构组成。本章将详细介绍这三种程序控制结构。

3.1 程序的流程图及顺序结构

3.1.1 程序流程图

通俗地讲,算法是解决问题的步骤和方法。描述一个算法,可以采用许多不同的方法,例如自然语言、流程图、N—S结构化流程图、伪代码等。这里主要介绍流程图,它相对于其他算法表示方法具有直观形象、易于理解的特点。

流程图是用一系列图形、流程线和说明文字来描述程序的基本操作和控制流程。流程图的基本元素如表3—1所示。

表3—1　　　　　　　　　　　流程图常用的图形符号

图形符号	名　称	功　能
⬭	起止框	表示一个程序的开始和结束
◇	判断框	判断条件是否成立,并根据结果选择不同的路径
▭	处理框	各种数据的处理过程
▱	输入/输出框	数据的输入与输出
→	流程线	表示程序的执行路径
○	连接点	将多个流程图连接到一起

图3—1是一个流程图的示例,为了便于描述,采用连接点A将流程图分成两个部分。

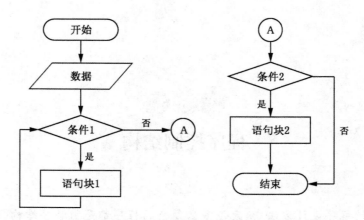

图 3—1　程序流程图示例：由连接点 A 连接的一个程序

3.1.2　顺序结构

顺序结构是一种最简单的算法结构，算法中列出的操作步骤是按顺序执行的，操作的排列顺序与执行顺序一致，在整个执行过程中，每一步操作只能被执行一次。图 3—2 是一个顺序结构，按照语句的顺序先执行语句块 1，再执行语句块 2，整个过程仅有一个入口和一个出口。

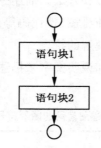

图 3—2　顺序结构流程图

3.2　选择结构

选择结构也称分支结构，是根据条件表达式的值（True 或 False）来决定下一步的执行流程，是非常重要的控制结构。

在 Python 中，所有合法的表达式（既可以是算术表达式、关系表达式、逻辑表达式等，也可以是常量、变量或函数）都可以作为条件表达式。

常见的选择结构有单分支选择结构、双分支选择结构、多分支选择结构、嵌套的分支结构。

3.2.1　单分支选择结构（if 语句）

单分支选择结构是最简单的一种形式,其语法形式为:

```
if  条件表达式:
    语句块
```

其执行过程为:如果条件表达式的值为真(True),则执行冒号后的语句块(也可以是单个语句);否则不执行语句块,其执行的流程如图 3－3 所示。使用 if 语句时要注意以下几点:

(1)条件表达式后面的冒号":"是必不可少的,它表示一个语句块的开始;

(2)条件表达式的结果必须只有 True 和 False 两种结果;

(3)语句块的开始必须缩进,而且同一级别的语句序列必须在同一列上进行相同的缩进。

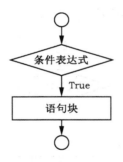

图 3－3　单分支选择结构流程图

【例 3.1】　程序随机产生一个 0～100 的整数,让玩家竞猜,若猜中,则提示"猜对了!"。

分析:首先让程序生成一个 0～100 的整数 x,可以利用内置 random 模块中的 randint()函数随机产生;其次通过键盘输入竞猜的数字 num;最后用 if 语句比较 x 和 num 是否相同,如果相同则输出"猜对了!"。

程序代码如下:

```
#例 3.1
#用单分支选择结构完成一个数字竞猜游戏

from random import randint      #从 random 模块中导入 randint 函数
x = randint(0, 100)     #通过 randint 函数生成一个 0 ～ 100 的整数
num = int(input('请输入一个 0 ～ 100 的整数：'))     #通过 input 函数输入数字,并用
int 函数转换成整数类型
```

```
if num == x:     #判断 num 和 x 是否相等
    print('猜对了！')      #判断结果为真，则输出"猜对了!"
```

程序运行时，如果产生的随机数 x 为 77，输入的整数 num 为 10，则程序没有任何输出。

然而，实际应用中，常常会在条件为真时执行一些操作，在条件为假时执行另外的操作。这就需要用到双分支选择结构。

3.2.2　双分支选择结构（if-else 语句）

双分支选择结构的语法形式为：

```
if   条件表达式：
    语句块 1
else：
    语句块 2
```

其执行过程为：如果条件表达式的值为真（True），则执行冒号后的语句块 1；否则执行语句块 2，其执行的流程如图 3－4 所示。

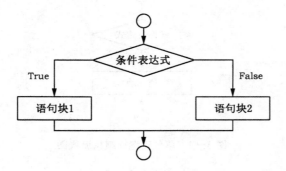

图 3—4　双分支选择结构流程图

在使用 if-esle 语句时要注意以下几点：

（1）if 和 else 的缩进必须对齐；

（2）if 和 else 后面都必须带上冒号。

【例 3.2】　程序随机产生一个 0～100 的整数，让玩家竞猜，若猜中，提示"猜对了!"；否则，提示"猜错了!"。

程序代码如下：

```
#例 3.2
#用双分支选择结构完成一个数字竞猜游戏

from random import randint    #从 random 模块中导入 randint 函数

x = randint(0, 100)    #通过 randint 函数生成一个 0 ～ 100 的整数
num = int(input('请输入一个 0 ～ 100 的整数：'))    #通过 input 函数输入数字，并用
int 函数转换成整数类型

if num == x:    #判断 num 和 x 是否相等
    print('猜对了！')    #判断结果为真，则输出"猜对了！"
else:
    print('猜错了！')
```

程序运行时，如果产生的随机数 x 为 77，输入的整数 num 为 10，则程序输出"猜错了！"。

实际应用中，除了上面的一种选择和两种选择外，还有多种选择的情况，即多分支选择结构。

3.2.3　多分支选择结构

多分支选择结构就是在双分支结构中包含了 elif 子句的选择结构，其语法形式为：

```
if 条件表达式 1:
    语句块 1
elif 条件表达式 2:
    语句块 2
……
elif 条件表达式 N-1:
    语句块 N-1
else:
    语句块 N
```

其中，elif 是"else if"的缩写。

其执行过程为：先计算条件表达式 1 的值，若为真（True），则执行冒号后的语句块 1；否则，计算条件表达式 2 的值，若为真（True），则执行冒号后的语句块 2；以此类推，若从条件表达式 1 到条件表达式 N−1 的结果都为假（False），则执行 else 后面的语句块 N。其执行的流程如图 3−5 所示。

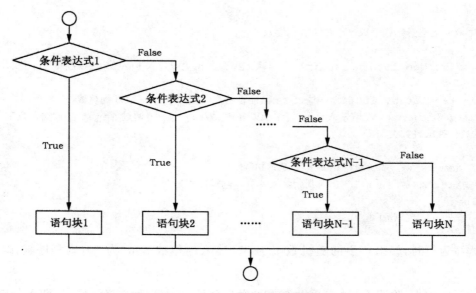

图 3—5 多分支选择结构流程图

【例 3.3】 程序随机产生一个 0～100 的整数,让玩家竞猜,若猜中,则提示"猜对了!";若猜大了,提示"太大了";否则,提示"太小了!"。

程序代码如下:

```
#例 3.3_1
#用多分支选择结构完成一个数字竞猜游戏

from random import randint      #从 random 模块中导入 randint 函数

x = randint(0, 100)     #通过 randint 函数生成一个 0 ～ 100 的整数
num = int(input('请输入一个 0 ～ 100 的整数:'))      #通过 input 函数输入数字,并用
int 函数转换成整数类型

if num == x:      #判断 num 和 x 是否相等
    print('猜对了!')      #判断结果为真,则输出"猜对了!"
elif num > x:      #判断 num 是否大于 x
    print('太大了!')      #判断结果为真,则输出"太大了!"
else:
    print('太小了!')      #前面的判断都出错了,则输出"太小了!"
```

3.2.4 选择结构的嵌套

我们在使用选择结构时,还可以进行选择结构嵌套,即选择结构里又包含了另外的选择结构。选择结构的嵌套形式多样,例如 if 语句嵌套 if-else 语句、if-else 语句嵌套 if-else

语句等。这里介绍 if-else 语句嵌套 if-else 语句,其语法形式为:

```
1.if    条件表达式 1:
2.          语句块 1
3.          [if   条件表达式 2:
4.              语句块 2
5.         else:
6.              语句块 3]
7.else:
8.          语句块 4
9.          [if   条件表达式 3:
10.             语句块 5
11.         else:
12.             语句块 6]
```

　　在上述结构中,方括号中的代码是可选内容,其中第 2~6 行代码从属于第 1 行的 if 语句;第 8~12 行代码从属于第 7 行的 else 语句。用嵌套的选择结构改写例 3.3 的代码。

　　程序代码如下:

```
#例 3.3_2
#用嵌套的选择结构完成一个数字竞猜游戏

from random import randint      #从 random 模块中导入 randint 函数

x = randint(0, 100)      #通过 randint 函数生成一个 0 ~ 100 的整数
num = int(input('请输入一个 0 ~ 100 的整数:'))      #通过 input 函数输入数字,并用
int 函数转换成整数类型

if num == x:      #判断 num 和 x 是否相等
    print('猜对了!')      #判断结果为真,则输出"猜对了!"
else:      #如果不相等,则执行下面的 if-else 语句(所以这里是 else 下嵌套了 if-else 语句)
    if num > x:      #判断 num 是否大于 x
        print('太大了!')      #判断结果为真,则输出"太大了!"
    else:
        print('太小了!')      #前面的判断都出错了,则输出"太小了!"
```

　　改写后的程序逻辑关系更为清晰,其逻辑关系为:先猜两数是否相同,如果相同,则输出结果;如果不相同,再判断大小(通过嵌入的 if-else 语句来完成)。

　　在使用嵌套结构时,特别注意 else 与 if 的匹配,而 Python 中是基于缩进来匹配 if 和 else 的逻辑关系,所以一定要严格控制好不同级别代码块的缩进量,这决定了不同代码块的从属关系以及业务逻辑是否被正确执行。

3.3 循环结构

在选择结构举例中,猜数字游戏只给玩家猜一次的机会,如果游戏玩家要求多给几次猜的机会,那么选择结构是无法实现这种要求的(即重复猜的操作)。如果要在程序中实现重复操作,就要用到程序设计语言中的循环结构。

循环结构的执行特点是,在满足给定的条件时,反复执行给定的程序段,直到条件不成立为止。给定的条件称为"循环条件",反复执行的程序段称为"循环体"。Python 提供了两种循环结构:while 循环结构和 for 循环结构。

3.3.1 range 对象

在 Python 中经常要用到类似于一组等差序列的数,这种类型的数据可以使用 range()函数来生成一个 range 对象,这是一个可迭代的对象,可以用 list()、tuple()或 set()等内置函数将这个对象转换成列表、元组或集合。range()函数的使用方法有以下两种形式:

```
range(start, stop [, step])
range(stop)
```

在第一种用法中,参数 start 是起始值,stop 是终值(不包含),与切片操作中的起始值和终值含义相似;参数 step 为可选值,缺省时值为 1,可以为负数。当 stop 大于 start(step 为负数)或者小于 start(step 为正数)时,生成的是一个空序列。当然,step 不能为 0,否则会产生异常。

第二种用法其实是第一种的用法的特殊情况,即 start 为 0、step 为 1 的情形。

range 对象常用于 for 循环语句中表示循环的次数。

【例 3.4】 range 对象使用示例。

程序代码及其运行结果如下:

```
>>> for i in range(1, 10): print(i, end = ',')
1,2,3,4,5,6,7,8,9,
>>> for i in range(1, 10, 2): print(i, end = ',')
1,3,5,7,9,
>>> for i in range(10): print(i, end = ',')
0,1,2,3,4,5,6,7,8,9,
```

3.3.2 while 循环结构（while 语句）

while 语句也称"当型"循环结构,即当条件满足时执行循环体。其语法形式为:

```
while  条件表达式:
    循环体
```

其执行过程为:先计算条件表达式的值,如果结果为 True,则执行循环体;循环体执行完后,继续计算条件表达式的值,如果结果为 True,则继续执行循环体;如此循环往复,直到条件表达式的值为 False 时,整个循环结束。其流程图如图 3—6 所示。

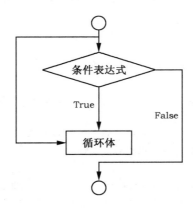

图 3—6　while 循环结构流程图

在使用 while 语句时要注意以下几点:

(1)while 语句执行的特点是先判断再执行,所以循环体有可能一次都不执行;

(2)循环体中需包含能控制循环结束的变量,而且要有能改变该变量值的语句,否则,如果条件表达式的结果始终是 True,就会造成死循环;

(3)在循环体里的语句序列缩进要保持一致。

循环体的开始必须缩进,而且同一级别的语句序列必须在同一列上进行相同的缩进。

【例 3.5】　利用 while 循环,计算 $1+2+3+…+100$ 的值。

程序代码如下:

```
#例3.5
#利用 while 循环,计算 1 到 100 所有数的和

sum = i = 0    #定义变量,其中 sum 用来保存最终结果, i 为循环控制变量

while i <= 100:    #计算条件表达式的值,并判断是否为 True
    sum += i    #进行求和计算
    i += 1    #改变循环变量的值

print('1+2+3+…+100 = {:d}'.format(sum))    #打印输出结果
```

分析:该程序首先定义两个变量 sum 和 i,并赋值为 0,sum 用来保存最终计算结果,i 为循环控制变量,最终用它来结束循环;其次判断 i 是否小于 100,如果成立,则把 sum 和 i

相加, i 增加 1(如果没有这条语句,则程序将陷入死循环),否则循环结束;最后输出结果。

程序运行结果如下:

```
1+2+3+...+100 = 5050
```

【例 3.6】 程序随机产生一个 0～100 的整数,让玩家竞猜,若猜中,则提示"猜对了!";若猜大了,提示"太大了";否则,提示"太小了!",直到猜出为止。

程序代码如下:

```
#例 3.6
#利用 while 循环和选择结构完成猜数字游戏

from random import randint    #从 random 模块中导入 randint 函数

number = randint(0, 100)    #通过 randint 函数生成一个 0～100 的整数
flag = 1    #定义一个标签变量,用来控制循环

while flag:    #当 flag 为 1 时继续循环,当 flag 为 0 时结束循环
    guess = int(input('请输入一个 0～100 的整数:'))
    if guess == number:    #判断 guess 和 number 是否相等
        print('猜对了!')
        flag = 0    #猜对了后,改变 flag 的值,用它来结束循环
    else:
        if guess > number:
            print('太大了!')
        else:
            print('太小了!')
```

程序运行结果如下:

```
请输入一个 0～100 的整数:50
太大了!
请输入一个 0～100 的整数:25
太大了!
请输入一个 0～100 的整数:10
太大了!
请输入一个 0～100 的整数:5
猜对了!
```

3.3.3 for 循环结构(for 语句)

在任何条件为真的情况下,我们可以利用 while 语句重复执行一组代码。如果要把一个集合(序列或其他可迭代对象)的每个元素都执行一遍,就可以使用 for 循环结构。for 语句的语法形式为:

```
for 迭代目标变量 in 可迭代对象序列:
    循环体
```

例如:

```
for name in ['张三','李四','王五']:      #循环输出列表中的每个元素
    print(name)
```

for 语句执行的过程为:第一次循环,迭代目标变量设置为可迭代对象(序列、迭代器(如 enumerate()、zip()函数产生的对象)、其他可以迭代的对象(字典的键或文件的行等))的首个元素,并提供给循环体使用,当次循环体执行完后,迭代目标变量取可迭代对象的下一个元素,直到可迭代对象的所有元素都取完,for 循环才结束。其执行的流程图如图 3—7 所示。

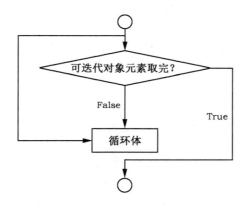

图 3—7　for 循环结构流程图

我们继续来修改猜数字游戏的程序。前面用 while 循环完成的程序,玩家可以无限制地猜,如果庄家只给你给定次数的猜测机会,我们可以用 for 语句来完成(当然也可以用 while 语句)。

【例 3.7】　程序随机产生一个 0~100 的整数,庄家可以指定猜测次数,让玩家竞猜,若猜中,则提示"猜对了!";若猜大了,则提示"太大了";否则,提示"太小了!",游戏结束后给出评价。

程序代码如下:

```
#例 3.7
#利用 for 循环和选择结构完成给定次数的猜数字游戏

from random import randint      #从 random 模块中导入 randint 函数

number = randint(0, 100)      #通过 randint 函数生成一个 0~100 的整数
chance = int(input('请庄家输入猜测的次数: '))      #定义一个循环次数的变量
```

```
for i in range(chance):      #用 for 语句来控制循环的次数，即猜测次数
    guess = int(input('请玩家输入一个 0～100 的整数：'))
    if guess == number:      #判断 guess 和 number 是否相等
        print('猜对了！')
        break
    else:
        if guess > number:
            print('太大了！')
        else:
            print('太小了！')
    print('还剩%d 次机会'% (chance-i-1))

if guess == number:          #游戏结束后给出评价
    print('太棒了！')
else:
    print('没猜对，下次继续努力！')
```

程序运行结果如下：

```
请庄家输入猜测的次数：3
请玩家输入一个 0～100 的整数：50
太小了！
还剩 2 次机会
请玩家输入一个 0～100 的整数：80
太大了！
还剩 1 次机会
请玩家输入一个 0～100 的整数：65
太大了！
还剩 0 次机会
没猜对，下次继续努力！
```

【例 3.8】 利用 for 循环，计算 $1+2+3+\ldots+100$ 的值。

程序代码如下：

```
#例 3.8
#利用 for 循环计算 1～100 所有数的和

sum = 0     #定义变量 sum 用来保存最终结果

for i in range(1, 101):      #利用 range()函数生成 1～100 的数组序列
    sum += i     #进行求和计算

print('1+2+3+…+100 = {:d}'.format(sum))      #打印输出结果
```

程序运行结果如下：

```
1+2+3+...+100 = 5050
```

3.3.4　嵌套循环

循环语句可以嵌套使用，即在一个循环（外层循环）内嵌入另一个循环（内层循环），由此构成嵌套循环，也称多重循环。for 循环和 while 循环之间可以自身嵌套自身，也可以相互嵌套。

如果外层循环的循环次数为 n，内层循环的循环次数为 m，则整个循环的循环次数为 $n \times m$ 次。

【例 3.9】　分别用 while 嵌套循环和 for 嵌套循环两种方法打印九九乘法口诀表。

程序代码如下：

```python
#例3.9
#分别用 while 嵌套循环和 for 嵌套循环两种方法打印乘法口诀表
#for 嵌套循环
for i in range(1, 10):
    for j in range(1, i+1):
        print('{0} x {1} = {2:2d}'.format(j, i, i*j), end = ' ')
    print()


#while 嵌套循环
x = y = 1
while x <= 9:
    y = 1
    while y <= x:
        print(y, 'x', x, '=', x*y, end = '  ')
        y += 1
    print()
    x += 1
```

程序运行结果如下：

```
1×1=1
1×2=2 2×2=4
1×3=3 2×3=6   3×3=9
1×4=4 2×4=8   3×4=12 4×4=16
1×5=5 2×5=10 3×5=15 4×5=20 5×5=25
1×6=6 2×6=12 3×6=18 4×6=24 5×6=30 6×6=36
1×7=7 2×7=14 3×7=21 4×7=28 5×7=35 6×7=42 7×7=49
1×8=8 2×8=16 3×8=24 4×8=32 5×8=40 6×8=48 7×8=56 8×8=64
1×9=9 2×9=18 3×9=27 4×9=36 5×9=45 6×9=54 7×9=63 8×9=72 9×9=81
```

3.3.5 break、continue 和 else 语句

正常情况下,循环会执行到条件为假或迭代变量取不到值时结束,但是有时需要提前终止循环或提前结束本轮循环的执行(并不终止循环语句的执行,只是终止本次循环开始下一次循环),这就要用到 break 语句和 continue 语句,包含 break 语句或 continue 语句的循环结构的流程图如图 3—8 所示。

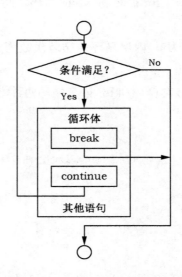

图 3—8　包含 break 或 continue 语句的循环结构流程图

1. break 语句

break 语句用来终止循环语句,跳出循环体;如果用于嵌套循环,则跳出的是当前层的循环。break 一般与 if 语句配合使用。

请分析下面的程序代码:

```
#break 语句

sum = i = 0    #定义变量,其中 sum 用来保存最终结果,i 为循环控制变量

while i <= 100:    #计算条件表达式的值,并判断是否为 True
    sum += i    #进行求和计算
    if sum > 20:
        break    #如果 sum 大于 20,则终止循环
    i += 1    #改变循环变量的值

print('i = {0:d},  sum = {1:d}'.format(i, sum))    #打印输出结果
```

分析：当 sum 的值大于 20 的时候，if 语句条件为真，则执行 break 语句，结束循环。最终把循环结束时的 i 值和求和结果打印输出。

程序运行结果如下：

```
i = 6,  sum = 21
```

【例 3.10】　输出 2～100 的素数，每行显示 5 个。

分析：素数是指只能被 1 和自身整除的正整数。按照此定义，假定素数为 n，则可以用 2 到 n－1 范围的每一个整数去除 n，如果所有的数都不能整除，那么 n 为素数；否则 n 不是素数。而在做整除时，如果发现 n 能被某个整数整除，那么可以立即停止整除操作而判定 n 不是素数。按照数学中的分析，我们可以把整除的数范围缩小到 2～$\sqrt{n}$。

程序代码如下：

```
#例3.10
#求素数

from math import sqrt      #从 math 模块导入求平方根函数

prime = 2    #定义待判断的整数变量，并赋初始值为 2，即从 2 开始判断
count = 0    #定义变量，用于控制输出显示

while prime <= 100:    #循环开始判断
    i = 2    #定义除数变量，范围在 2 到 prime 的开平方之间
    k = int(sqrt(prime))      #定义变量，设定除数的范围
    while i <= k:
        if prime % i == 0:    #判断 prime 能否被 i 整除，不能整除执行 i+1
            break    #如果能够整除，则终止本层的 while 循环
        i += 1

    if i > k:    #如果 i>k 说明 prime 为素数，则进行输出操作
        count += 1
        if count % 5 == 0:    #每行输出 5 个数
            print(prime, end = '\n')      #若已输出 5 个则换行
        else:
            print(prime, end = ' ')       #若输出还不到 5 个，则输出空格

    prime += 1    #取下一个待判断的数
```

程序运行结果如下：

```
2 3 5 7 11
13 17 19 23 29
31 37 41 43 47
53 59 61 67 71
73 79 83 89 97
```

2. continue 语句

continue 语句用在循环语句中,用来跳过循环体 continue 后面的语句,开始新的一轮循环,它一般与 if 语句配合使用。

请分析下面的程序代码:

```
for i in range(1, 11):
    if i % 2 != 0:
        continue
    print(i, end = ' ')
```

分析:程序的功能是对于在 1~10 的数,当它是 2 的倍数时执行输出操作;当它不是 2 的倍数时执行 continue 语句,跳过后面的输出操作继续执行下一轮循环。程序的运行结果为:

```
2 4 6 8 10
```

3. else 语句

在 Python 中,while 语句和 for 语句后面还可以带 else 语句,其使用的语法形式为:

```
#while 循环结构包含 else 语句语法形式
while   条件表达式:
    循环体
else:
    else 语句代码块

#for 循环结构包含 else 语句语法形式
for 迭代目标变量 in 可迭代对象序列:
    循环体
else:
    else 语句代码块
```

使用时,else 语句放在 while 或 for 语句后面,它在穷尽列表(以 for 循环)或条件变为 False(以 while 循环)而正常结束循环时被执行,但是如果循环被 break 终止而提前结束时,则 else 语句将不执行。

【例 3. 11】 输入一个整数,判断该整数是否为素数。

分析:如果输入的整数有除 1 和它自身外的其他因子,则可以直接输出不是素数的判断结果,并执行 break 语句跳出循环;如果没有执行 break 语句,表示循环正常结束,则执行 else 语句,即可判断该整数为素数。

程序代码如下:

```
#例 3.11
#输入一个整数并判断其是否是素数

from math import sqrt    #从 math 模块导入求平方根函数

num = input('请输入一个正整数：')

while True:
    if num.isdigit():      #通过字符串方法 isdigit() 判断输入的是否包含非数字的数据
        break
    else:
        num = input('请输入一个合法的正整数：')

num = eval(num)
i = 2

while i <= int(sqrt(num)):    #循环开始判断
    if num % i == 0:    #判断 prime 能否被 i 整除
        print('{:d}不是素数！'.format(num))
        break    #如果能够整除，则终止本层的 while 循环
    i += 1
else:
    print('{:d}是素数！'.format(num))
```

本章小结

本章介绍了程序控制结构，其主要内容如下：

(1)程序表示的方法有多种形式。

(2)程序最基本的控制结构是顺序结构，从程序的主体来说都是顺序的，一条语句执行后会自动执行下一条语句。

(3)选择结构也称分支结构，是根据条件表达式的值（True 或 False）来决定下一步的执行流程，是非常重要的控制结构。常见的选择结构有单分支选择结构、双分支选择结构、多分支选择结构、嵌套的分支结构。

(4)循环结构的执行特点是，在满足给定的条件时，反复执行给定的程序段，直到条件不成立为止。给定的条件称为"循环条件"，反复执行的程序段称为"循环体"。Python 提供了两种循环结构：while 循环结构和 for 循环结构。

(5)在循环结构中，使用 break 语句可以跳出其所属层次的循环体；使用 continue 语句可以跳过本轮循环的剩余语句，继续进行下一轮循环。

(6)循环结构的最后可以带 else 语句，用来处理循环结束后的工作。如果是因 break

语句提前结束循环,则不会执行 else 语句。

1. 单选题

(1)下面 if 语句统计"成绩优秀和不及格的男生"的人数,正确的语句为(　　)。

A. if gender=="男" and mark<60 or mark>90:n+=1

B. if gender=="男" and mark<60 and mark>90:n+=1

C. if gender=="男" and (mark<60 or mark>90):n+=1

D. if gender=="男" or mark<60 or mark>90:n+=1

(2)若 k 为整型,下列循环执行的次数是(　　)。

```
k = 50
while k > 1:
    print(k)
    k = k // 2
```

A. 3　　　　　　　　B. 4　　　　　　　　C. 5　　　　　　　　D. 6

(3)请写出下列程序的输出结果(　　)。

```
s = 0
for i in range(1, 11):
    if i % 2 == 0:
        continue
    if i % 10 == 5:
        break
    s = s + i
print(s)
```

A. 3　　　　　　　　B. 4　　　　　　　　C. 5　　　　　　　　D. 6

(4)下列说法正确的是(　　)。

A. break 用在 for 语句中,而 continue 用在 while 语句中

B. break 用在 while 语句中,而 continue 用在 for 语句中

C. continue 能结束其所属的那层循环

D. break 能结束其所属的那层循环

(5)下列 for 循环执行后,输出结果的最后一行是(　　)。

```
for i in range(1, 3):
    for j in range(2, 5):
        print(i * j)
```

A. 2 　　　　　　B. 6 　　　　　　C. 8 　　　　　　D. 15

(6)关于下列 for 循环,叙述正确的是(　　)。

```
for i in range(1, 11):
    x = int(input())
    if x < 0:
        continue
    print(x)
```

A. 当 x<0 时整个循环结束 　　　　B. 当 x>=0 时什么也不输出

C. print()函数永远不执行 　　　　D. 最多允许输出 10 个非负整数

(7)以下 for 语句,不能完成 1~10 累加功能的是(　　)。

A. for i in range(10,0):sum +=i

B. for i in range(1,11):sum +=i

C. for i in range(10,0,−1): sum +=i

D. for i in (1,2,3,4,5,6,7,8,9,10): sum+=i

(8)有以下程序片段,while 循环结束的条件是(　　)。

```
n=0
p=0
while p != 100 and n < 3:
    p = int(input())
    n += 1
```

A. P 的值不等于 100 而且 n 的值小于 3

B. P 的值等于 100 而且 n 的值大于等于 3

C. P 的值不等于 100 或者 n 的值小于 3

D. P 的值等于 100 或者 n 的值大于等于 3

(9)下列程序中循环体执行次数与其他不同的是(　　)。

A. i=0 while i<=10：print(i)i +=1

B. i=10 while i>0：print(i)i −=1

C. for i in range(10)：print(i)

D. for i in range(10,0,−1)：print(i)

(10)下列代码的输出结果是(　　)。

```
for i in range(1, 6):
if i % 3 == 0:
    break
else:
    print(i, end = ",")
```

A. 1,2,3,   B. 1,2,3,4,5,6

C. 1,2,   D. 1,2,3,4,5

(11)下列代码的输出结果是(   )。

```
s = 0
for i in range(2, 101):
if i % 2 == 0:
    s += i
else:
    s -= i
print(s)
```

A. —50   B. 51   C. 50   D. 49

2. 编程题

(1)某百货公司为了促销,采用购物打折的办法。500 元以下不打折,500～1000 元按九五折优惠;1000～1500 元按九折优惠;1500～2000 元按八五折优惠;2000 元以上按八折优惠。编写程序,输入购物金额,计算最终的优惠价。

(2)输入一个年份,编写程序判断该年份是否为闰年。闰年判断的条件为:年份能被 4 整除但不能被 100 整除;或者能被 400 整除。

(3)输入一个百分制的成绩,如果输入的成绩不符合要求,则给出输入错误的提示,并重新输入。经判断后输出该成绩的对应等级。其中,90 分以上为"A",80～89 分为"B",70～79 分为"C",60～69 分为"D",60 分以下为"E"。

(4)"百钱百鸡"问题:公鸡每只 5 元,母鸡每只 3 元,小鸡 3 只 1 元,现要求用 100 元买100 只鸡,问公鸡、母鸡和小鸡各买几只?

(5)输出"水仙花数"。水仙花数是指 1 个 3 位的十进制数,其各位数字的立方和等于该数本身。例如:153 是水仙花数,因为 $153 = 1^3 + 5^3 + 3^3$。

(6)输出斐波那契(Fibonaci)数列的前 20 项。该数列的第 1 项和第 2 项为 1,从第 3 项开始,每一项均为其前面 2 项之和,即 1,1,2,3,5,8,...。

(7)编写一个求整数 n 阶乘(n!)的程序。n 是运行程序时输入的一个正整数。

(8)编写程序,求 1! +3! +5! +7! +9!。

(9)编写程序求表达式 1+(1+2)+(1+2+3)+... +(1+2+3+... +n)的值。n 是运行程序时输入的一个正整数。

(10)猴子吃桃问题。猴子第一天摘下若干个桃子,当即吃了一半,还不过瘾,又多吃了一个;第二天早上,它将剩下的桃子吃掉一半,又多吃了一个。以后每天早上它都吃前一天剩下的一半再加一个。到第 10 天早上想再吃时,它发现只剩下一个桃子了。求第一天共摘了多少个桃子。

第 4 章

Python 常用数据结构

著名的计算机科学家、图灵奖获得者、Pascal 之父尼克劳斯·沃思（Nikiklaus Wirth)指出：程序＝算法＋数据结构。算法是执行特定任务的方法，数据结构是一种存储数据的方式，均有助于求解特定的问题。选择恰当的数据结构来实现更高的运行效率或者存储效率。Python 中常用的数据结构有列表、元组、字符串、字典和集合，本章将介绍它们的常用操作和应用。

4.1 序列结构概述

序列结构是 Python 基础的数据结构，序列是指一块可存放多个值的连续内存空间，这些值按一定的顺序排列，可以通过每个值所在位置的编号（也称索引）来访问。

根据序列里的元素是否有序，序列结构分为有序序列（包括列表、元组、字符串）和无序序列（包括字典和集合）。

根据序列里的元素是否可以修改，序列结构分为可变序列（包括列表、字典、集合）和不可变序列（包括元组和字符串）。

在 Python 中，有序的序列结构支持索引、切片、连接、重复等通用操作。下面介绍有序序列结构的通用操作。

1. 序列索引

如果序列结构由多个成员组成，每个成员通常称为元素，则每个元素可以通过它所在的位置编号即索引（index）访问。

索引有两种方式：正向索引和反向索引。对于一个有 N 个元素的序列，正向索引是从左往右，索引值从 0 开始递增到 N－1；反向索引是从右往左，索引值从 －1 开始递减到 －N，如图 4－1 所示。

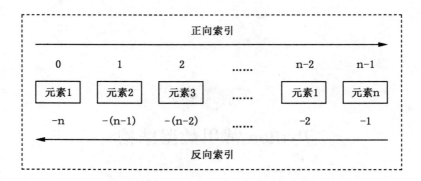

图 4—1　序列的索引

2.访问单个序列元素

前面介绍了序列元素的索引,可以利用索引来访问序列的单个元素。其使用的语法形式为:

```
sequence[index]      #访问序列 sequence 在索引 index 处的元素
```

【例 4.1】　创建一个序列对象,并访问序列的单个元素。

程序代码及其运行结果如下:

```
>>>s = 'Python'    #s 为一个字符串
>>>s[0]     #获取 s 中的第 1 个元素'P'
'P'
>>>s[-1]     #获取 s 中的最后一个元素'n'
'n'
>>>s[6]      #将报错,因为索引超出了界限
Traceback (most recent call last):
  File "<pyshell#1>", line 1, in <module>
    s[6]
IndexError: string index out of range
```

3.访问多个序列元素(称为切片)

除了通过索引访问单个元素外,还可以通过切片操作来访问多个元素。切片操作是通过指定元素的索引值范围来实现的,使用的语法形式为:

```
sequence[start : end]
```

要特别注意的是,引用的元素的范围是从 start 开始到 end－1 结束,因为索引值 start 指定的元素包括在切片中,而索引值 end 指定的元素不包括在切片中,所以访问的元素个数为 end－start 个。

【例 4.2】　创建一个序列对象,使用切片访问序列的多个元素。

程序代码及其运行结果如下:

```
>>>s = [1, 2, 3, 4, 5]    #s 为一个列表
>>>s[1:3]    #获取索引 1～2 的元素
[2, 3]
```

如果切片的范围是从第一个元素开始,那么可以省略 start 索引值,即采用如下的形式:

```
sequence[ : end]
```

如果切片的范围是从 start 开始,到序列的最后,那么 end 索引值也可以省略,即采用如下形式:

```
sequence[start : ]
```

如果切片的范围是整个序列的元素,那么 start 和 end 都可以省略,即采用如下形式:

```
sequence[ : ]
```

【例 4.3】　创建一个序列对象,使用多种切片方式访问序列的多个元素。

程序代码及其运行结果如下:

```
>>>s = [1, 2, 3, 4, 5]    #s 为一个列表
>>>s[ : 3]    #省略 start 索引值,则获取前三个元素
[1, 2, 3]
>>>s[3 : ]    #省略 end 索引值,则获取索引值为 3 到最后的元素
[4, 5]
>>>s[ : ]    #同时省略 start 和 end,则获取整个序列元素
[1, 2, 3, 4, 5]
```

因为索引值可以是负数,所以切片时索引值 start 和 end 也可以取负数。但是我们一定要遵循一个原则:索引值 end 一定是大于索引值 start 的,否则切片的结果是一个空序列。

【例 4.4】　创建一个序列对象,使用负索引访问序列元素。

程序代码及其运行结果如下:

```
>>>s = [1, 2, 3, 4, 5]    #s 为一个列表
>>>s[-3 : -1]    #获取索引值-3 ～-2 的元素
[3, 4]
>>>s[-2 : -4]    #将得到一个空序列,因为索引值 start 大于 end
[ ]
>>>s[4 : 1]    #将得到一个空序列,因为索引值 start 大于 end
[ ]
```

前面介绍的切片切取的是从 start 开始到 end−1 范围内的所有元素,当然切片时也可以采取按照一定的步长来切取序列的元素,即采用如下形式:

```
sequence[start:end:steps]
```

这里前两个参数和前面的切取方式一致,steps 表示切片时遍历序列元素的步长。因此,之前介绍的切片方式可以理解成步长为 1 的切片,例如 s[0∶4]相当于 s[0∶4∶1]。

【例 4.5】 创建一个序列对象,使用步长切片访问序列元素。

程序代码及其运行结果如下:

```
>>>s = [1, 2, 3, 4, 5, 6, 7, 8]  #s 为一个列表
>>>s[1 : 6 : 2]    #按步长 2 遍历序列中索引值为[1~5]范围之间的元素
[2, 4, 6]
>>>s[ : : 2]    #步长 2 遍历整个序列的元素
[1, 3, 5, 7]
```

到目前为止,介绍的遍历方向都是从前到后的顺序,那遍历的方向能否是从后到前的顺序,即逆序遍历?回答当然是肯定的!如果要逆序遍历,我们需要把步长 steps 的值设为负数,并且设置切片的范围的索引值 start 大于索引值 end。

【例 4.6】 创建一个序列对象,使用逆序访问序列元素。

程序代码及其运行结果如下:

```
>>>s = [1, 2, 3, 4, 5, 6, 7, 8]   #s 为一个列表
>>>s[ : : -2]    #因为 steps 为-2,所以是逆序遍历
[8, 6, 4, 2]
>>>s[6 : 1 : -2]    #按步长逆序切取范围内的元素
[7, 5, 3]
>>>s[-1 : -6 : -2]    #按步长逆序切取范围内的元素
[8, 6, 4]
>>>s[1 : 6 : -2]    #由于 start 索引值小于 end 索引值,因此切取的是一个空序列
[ ]
```

4. 连接(+)

连接(concatenation)是指将两个相同类型的序列进行连接,其运算符为"+",语法形式为:

```
sequence1 + sequence2
```

该操作必须保证参与连接运算的两个序列是相同的类型,例如:字符串只能与字符串连接,列表只能与列表连接,元组只能与元组连接。

【例 4.7】 将两个相同类型的序列对象连接成一个序列对象。

程序代码及其运行结果如下:

```
>>>[1, 2, 3] + [1, 2, 3]
[1,2,3,1,2,3]
>>>(1, 2, 3) + (1, 2, 3)
(1, 2, 3, 1, 2, 3)
>>>'Hello' + 'World'
'HelloWorld'
>>>[1, 2, 3] + (1, 2, 3)
Traceback (most recent call last):
  File "<pyshell#2>", line 1, in <module>
    [1,2,3] + (1,2,3)
TypeError: can only concatenate list (not "tuple") to list
```

5.重复(＊)

如果需要让一个序列重复出现多次,就可以使用重复运算符(＊)实现,语法形式为:

```
Sequence * copies
```

copies 是重复的次数,必须是一个整数。

【例 4.8】　将序列对象重复指定次数。

程序代码及其运行结果如下:

```
>>>'Python' * 2
'PythonPython'
>>>(1, 2, 3) * 2
(1, 2, 3, 1, 2, 3)
>>>[1, 2, 3] * 2
[1, 2, 3, 1, 2, 3]
```

6.判断成员(in,not in)

若判断一个元素是否属于一个序列,可以使用 in 或 not in 这两个成员运算符来实现,但是要注意的是,运算的结果是一个布尔值 True 或 False,语法形式为:

```
obj in sequence 或者 obj not in sequence
```

【例 4.9】　创建一个序列对象,判断其是否包含某个元素。

程序代码及其运行结果如下:

```
>>>s = [1, 2, 3, 4, 5]
>>>3 in s
True
>>>7 in s
False
>>>3 not in s
False
```

7.操作序列的内置函数

在 Python 中,有一些序列结构通用操作的内置函数,表 4—1 列出了常用的内置函数。

表 4—1　　　　　　　　　　　　　序列结构常用的内置函数

内置函数	功　能
len()	计算序列元素个数
max()	返回序列元素的最大值
min()	返回序列元素的最小值
sum()	计算序列所有元素的和,注意序列中的元素类型必须都是数值型
sorted()	对序列元素进行排序,结果返回一个列表
reversed()	对序列元素进行逆序排列,结果返回一个迭代器
enumerate()	返回包含索引和值的迭代器
zip()	返回一个 zip 对象,它是一个迭代器,该迭代器的第 n 个元素是由每个可迭代对象的第 n 个元素组成的元组

(1)len()

语法形式:

```
len(obj)
```

参数说明:

obj:list,string,tuple,dict,set 等包含多个元素的对象。

功能:返回参数 obj 对象的元素个数,即长度。

【例 4.10】　使用 len()函数计算序列对象元素的个数。

程序代码及其运行结果如下:

```
>>>lis = [1,2,3]    #创建一个列表对象
>>>str = 'Python'     #创建一个字符串对象
>>>tup = (1,2,3,4)    #创建一个元组对象
>>>dic = {'a':1, 'b':2, 'c':3}     #创建一个字典对象
>>>s = {1,2}    #创建一个集合对象
>>>len(lis)
3
>>>len(str)
6
>>>len(tup)
4
>>>len(dic)
3
>>>len(s)
2
```

(2)max()和 min()

语法形式：

```
max(iterable), min(iterable)
```

参数说明：

iterable：可迭代对象。

功能：返回可迭代对象 iterable 中的最大/小值。

【例 4.11】　使用 max()、min() 函数计算序列对象的最大值、最小值。

程序代码及其运行结果如下：

```
>>>lis = [12, 3, 8, 10, 7]
>>>max(lis)
12
>>>min(lis)
3
```

（3）sum()

语法形式：

```
sum(iterable, start=0)
```

参数说明：

①iterable：可迭代对象，参与求和的序列；

②start：默认值为 0。注意参与运算的元素类型必须都是数值型。

功能：返回可迭代对象 iterable 中所有元素与 start 参数的值相加的结果。

【例 4.12】　使用 sum() 函数计算数值型序列对象的指定元素之和。

程序代码及其运行结果如下：

```
>>>lis = [1, 2, 3, 4, 5]
>>>sum(lis)     #将 lis 所有元素相加
15
>>>sum(lis, 20)     #将 lis 所有元素及 20 相加
35
>>>str = 'Python'
>>>sum(str)
Traceback (most recent call last):
  File "<pyshell#13>", line 1, in <module>
    sum(str)
TypeError: unsupported operand type(s) for +: 'int' and 'str'
```

（4）sorted()

语法形式：

```
sorted(iterable, key=None, reverse=False)
```

参数说明：

①iterable：可迭代对象，可以是 list、string、tuple、dict、set 等包含多个元素的对象；

②key：用来指定排序的规则，默认值为 None；

③reverse：用来指定排序的顺序，默认值为 False，即按升序排。

功能：返回可迭代对象 iterable 排序后的列表，返回的结果是一个排好序的新列表，注意该函数不会改变原对象的内容。

【例 4.13】 使用 sorted()函数对序列对象的元素进行排序。

程序代码及其运行结果如下：

```
>>>sorted('Python')       #对字符串排序
['P', 'h', 'n', 'o', 't', 'y']
>>>sorted([12, 5, 22, 10, 7])     #对列表排序
[5, 7, 10, 12, 22]
>>>sorted([12, 5, 22, 10, 7], reverse = True)      #对列表进行降序排序
[22, 12, 10, 7, 5]
```

（5）reversed()

语法形式：

```
reversed(sequence)
```

参数说明：

sequence：序列对象。

功能：返回序列 sequence 逆序排列后的迭代器，注意该函数不会改变原对象的内容，可以通过 list()函数转换成列表。

【例 4.14】 使用 reversed()函数对序列对象的元素进行逆序操作。

程序代码及其运行结果如下：

```
>>>lis = [1, 2, 3, 4, 5]
>>>L = reversed(lis)     #生成一个可迭代对象
>>>L
<list_reverseiterator object at 0x0000021DCFAC3910>
>>>list(L)     #用 list()函数转换成列表
[5, 4, 3, 2, 1]
>>>lis     #列表 lis 的内容没有改变
[1, 2, 3, 4, 5]
```

（6）enumerate()

语法形式：

```
enumerate(iterable[, start])
```

参数说明：

①iterable：可迭代对象；

②start：用来指定起始索引值，默认值为 0。

功能：返回 enumerate（枚举）对象。这是一个迭代器，元素是由可迭代对象 iterable 元素的索引和值组成的元组对，起始索引值可以通过 start 来指定，默认值为 0，即从第 1 个元素的索引值开始。

【例 4.15】　使用 enumerate()函数对序列对象的每个元素添加编号。

程序代码及其运行结果如下：

```
>>>lis = [12, 3, 8, 10, 7]
>>>enumerate(lis)    #返回一个可迭代对象
<enumerate object at 0x0000021DCFA31480>
>>>list(enumerate(lis))    #通过 list()函数将可迭代对象转换成列表
[(0, 12), (1, 3), (2, 8), (3, 10), (4, 7)]
>>>list(enumerate(lis, 10))    #添加起始编号 10
[(10, 12), (11, 3), (12, 8), (13, 10), (14, 7)]
```

（7）zip()

语法形式：

```
zip(iter1 [,iter2 [...]])
```

参数说明：

iter1：可迭代对象。

功能：返回一个 zip 对象。它是一个迭代器，该迭代器的第 n 个元素是由每个可迭代对象的第 n 个元素组成的元组。

【例 4.16】　使用 zip()函数将多个序列对象相同位置的元素打包。

程序代码及其运行结果如下：

```
>>>lis = [1, 2, 3, 4]    #创建一个列表
>>>tup = (5, 6, 7)      #创建一个元组
>>>Str = 'Python'    #创建一个字符串
>>>zip(lis, tup)    #将 lis 和 tup 打包，生成一个迭代器
<zip object at 0x0000021DCDF32540>
>>>list(zip(lis, tup))    #用 list()函数转换成列表
[(1, 5), (2, 6), (3, 7)]
>>>list(zip(lis, Str))    #将 zip 对象转换成列表
[(1, 'P'), (2, 'y'), (3, 't'), (4, 'h')]
>>>list(zip(lis, tup, Str))    #将列表、元组和字符串三个对象打包
[(1, 5, 'P'), (2, 6, 'y'), (3, 7, 't')]
```

从上面的代码可以看出，zip()函数的功能就是拆分重组参数列表中的 n 个迭代器，返回的是一个迭代器，迭代器中的第 i 个元素是由 n 个参数中第 i 个元素组成的一个元组对，如果 n 个参数中的元素个数不一样，那么生成的元组对的个数就以参数中元素个数最小的那个为准。

4.2 列表

列表是 Python 的内置对象之一，由于它是可变序列，因此可以增加或删除列表的元素，此时列表将自动扩张或收缩内存，从而保证元素之间没有缝隙。虽然列表的元素增删可以在任意位置，但是涉及列表大量元素的移动，导致效率较低。因此，我们应尽量从列表尾部进行元素的增加与删除操作。

在同一个列表中，元素的类型既可以不同，也可以同时分别为整数、实数、字符串等基本类型，还可以是列表、元组、字典、集合以及其他自定义类型的对象。

4.2.1 列表的创建

1. 列表的表示形式

在形式上，列表的所有元素用一对方括号"[ ]"括起来，相邻元素之间用逗号分隔。

2. 列表的创建

Python 提供了多种创建列表的方法，具体如下：

（1）使用一对方括号"[ ]"直接创建

【例 4.17】 使用"[ ]"方法创建列表。

程序代码及其运行结果如下：

```
>>>[ ]      #创建了一个空列表
[ ]
>>>[1, 2.0, [1, 2], 'Python', (1, 2, 3)]      #创建包含不同数据类型元素的列表
[1, 2.0, [1, 2], 'Python', (1, 2, 3)]
```

（2）使用 list()函数创建

在 Python 中，list()函数可以把元组、字符串、range 对象、字典、集合等可迭代对象转换成列表。

【例 4.18】 使用 list()函数创建列表。

程序代码及其运行结果如下：

```
>>>list((1, 2, 3))      #将元组转换为列表
[1, 2, 3]
>>>list('Python')      #将字符串转换为列表
['P', 'y', 't', 'h', 'o', 'n']
>>>list(range(5))      #将 range 对象转换为列表
[0, 1, 2, 3, 4]
>>>list({'x':1, 'y':2})      #将字典的"键"转换为列表
['x', 'y']
>>>list({'x':1, 'y':2}.items())      #将字典的"键值对"转换为列表
[('x', 1), ('y', 2)]
>>>list({5, 2, 7, 7})      #将集合转换为列表，注意元素数量的变化
[2, 5, 7]
```

当然，我们可以把上面创建的列表通过赋值运算符赋值给变量，该变量的类型为列表类型。

【例 4.19】　使用赋值方式创建列表变量。

程序代码及其运行结果如下：

```
>>>name = ['zhangsan', 'lisi', 'wangwu']      #创建一个列表并赋值给变量 name
>>>type(name)      #查看变量 name 的数据类型
<class 'list'>
>>>scores = [89, 95, 75]      #创建一个列表并赋值给变量 scores
>>>stu_sc = [name, scores]      #利用两个变量创建一个列表并赋值给变量 stu_sc
>>>stu_sc      #查看列表
[['zhangsan', 'lisi', 'wangwu'], [89, 95, 75]]
```

4.2.2　列表的常用操作

列表是可变序列，可以进行修改、增加和删除等操作。

1. 修改列表元素

修改列表元素的值，可以先用索引找到要修改的元素，然后直接对其进行赋值修改。

【例 4.20】　修改列表的单个元素值。

程序代码及其运行结果如下：

```
>>>lis = [1, 2, 3, 4, 5]      #创建一个列表
>>>lis      #打印列表
[1, 2, 3, 4, 5]
>>>lis[0] = 10      #将列表的第一个元素值修改成 10
>>>lis      #打印列表
[10, 2, 3, 4, 5]
```

2. 增加列表元素

增加列表元素，可以使用连接运算符（＋），后面还将介绍列表方法。

【例 4. 21】 增加列表的元素。

程序代码及其运行结果如下：

```
>>>lis = [1, 2, 3, 4, 5]      #创建一个列表
>>>lis    #打印列表
[1, 2, 3, 4, 5]
>>>Lis = lis + [1, 2, 3]     #将列表[1,2,3]添加到列表 lis 中
>>>Lis   #打印列表
[10, 2, 3, 4, 5, 1, 2, 3]
```

3. 删除列表元素

我们可以用 del 命令删除列表元素或者整个列表，如果用 del 命令删除整个列表，则列表将从内存中清除。

【例 4. 22】 删除列表的元素或删除整个列表。

程序代码及其运行结果如下：

```
>>>lis = [1, 2, 3, 4, 5, 6]      #创建一个列表
>>>lis    #打印列表
[1, 2, 3, 4, 5, 6]
>>>del lis[0]     #删除列表的第一个元素
>>>lis    #打印列表
[2, 3, 4, 5, 6]
>>>del lis[:2]    #删除列表的前两个元素
>>>lis   #打印列表
[4, 5, 6]
>>>del lis    #删除整个列表
>>>lis    #打印列表，将报错，因为列表已经不存在
Traceback (most recent call last):
  File "<pyshell#24>", line 1, in <module>
    lis
NameError: name 'lis' is not defined. Did you mean: 'list'?
```

4.2.3 列表的方法

操作列表除了可以采用序列内置函数，还可以用特有的列表方法。列表方法可以理解成列表函数，但使用时需要通过列表对象来调用，调用方法如下：

```
列表对象.方法名（参数）
```

列表对象的常用方法如表 4—2 所示。

表 4—2　　　　　　　　　　　　**列表对象的常用方法（L 为列表对象）**

类　别	方　法	功　能
增加元素	L. append(object)	向列表尾部添加对象 object
	L. extend(iterable)	将可迭代对象 iterable 的每个元素添加到列表尾部
	L. insert(index,object)	在列表中索引值为 index 的位置前插入对象 object
删除元素	L. pop([index])	删除索引值为 index 的列表对象，index 缺省时删除最后一个
	L. remove(value)	删除首个找到的对象 value
	L. clear()	清除列表的所有对象，列表变成空列表
查找	L. index(value,[start,[stop]])	返回对象 value 在列表中的索引值，后面查找范围为可选项
统计	L. count(value)	统计对象 value 在列表中出现的次数
排序	L. sort(key＝None, reverse＝False)	将列表排序，原列表值被更新，默认升序
翻转	L. reverse()	将原列表翻转
复制	L. copy()	复制列表，注意是浅拷贝

1. 增加元素

往列表里增加元素除了可以采用连接运算符（＋）外，还可以用列表的方法，这类方法主要有三种：L. append(object)、L. extend(iterable)、L. insert(index,object)。

（1）L. append(object)

用连接运算符（＋）添加元素，其实不是真正意义上的添加元素，实际上是新建一个列表，列表的 id 将发生变化。我们可以用 L. append(object)方法，直接将 object 对象整体添加到列表的尾部，列表的 id 不变。

【例 4. 23】　使用 append()方法在列表末尾添加元素，并检测列表改变前后的内存地址。

程序代码及其运行结果如下：

```
>>>lis = [1, 2, 3, 4, 5]    #创建列表
>>>id(lis)  #查看列表 id
2142236868800
>>>lis = lis + [6, 7]    #两个列表连接并赋值给变量 lis
>>>id(lis)    #查看 id
2142204106112
>>>Lis = [1, 2, 3]
>>>id(Lis)
2142238510656
>>>Lis.append(4)    #通过 append()方法把 4 添加到 Lis 列表尾部
```

```
>>>Lis    #打印列表
[1, 2, 3, 4]
>>>id(Lis)
2142238510656
>>>Lis.append([10, 11, 12])         #通过 append()方法把一个列表添加到 lis 列表尾部
>>>Lis
[1, 2, 3, 4, [10, 11, 12]]
```

（2）L. extend(iterable)

L. append()方法是把整个对象当作一个元素追加到列表中，若要把一个可迭代对象中的每个元素逐个添加到列表中，则可以用 L. extend(iterable)方法。它的功能是将一个可迭代对象的所有元素逐个添加到该列表尾部，同样该方法也是原地操作，id 不变。

【例 4. 24】　使用 extend()方法在列表末尾添加内容，并检测列表改变前后的内存地址。

程序代码及其运行结果如下：

```
>>>lis = [1, 2, 3]    #创建列表
>>>Lis = [10, 11, 12]     #创建列表
>>>lis    #打印列表
[1, 2, 3]
>>>id(lis)     #查看 id
2007485593664
>>>lis.extend(Lis)      #将 lis 列表中的每个元素逐个添加到 lis 列表尾部
>>>lis     #打印列表
[1, 2, 3, 10, 11, 12]
>>>id(lis)     #查看 id
2007485593664
```

（3）L. insert(index, object)

前面介绍的两种方法都是在列表的尾部添加元素，若要在列表的指定位置添加新元素，我们可以使用 L. insert(index, object)方法，该方法是把 object 对象整个添加到列表中。

【例 4. 25】　使用 insert()方法在列表指定位置添加元素。

程序代码及其运行结果如下：

```
>>>lis = [1, 2, 3, 4, 5]     #创建列表
>>>lis.insert(2, 'Python')     #将元素'Python'添加到索引值为 2 的位置
>>>lis    #打印列表
[1, 2, 'Python', 3, 4, 5]
```

2. 删除元素

如果要删除列表或列表中的元素，则可以用 del 命令，还可以用删除元素的列表方法，这类方法主要有三种：L. pop([index])，L. remove(value)，L. clear()。

（1）L. pop([index])

此方法的功能是删除索引 index 位置上的元素,返回的结果是该元素的值,参数 index 为可选项。如果 index 超出了列表的范围将抛出异常,则默认删除列表尾部的元素。

【例 4.26】　使用 pop()方法删除列表元素。

程序代码及其运行结果如下:

```
>>>lis = [1, 2, 3, 4, 5]      #创建列表
>>>lis     #打印列表
[1, 2, 3, 4, 5]
>>>lis.pop()     #弹出列表尾部元素,返回被弹出的值
5
>>>lis     #打印列表
[1, 2, 3, 4]
>>>lis.pop(1)     #弹出索引值为 1 的元素,返回被弹出的值
2
>>>lis     #打印列表
[1, 3, 4]
>>>lis.pop(5)     #索引值越界,将报错
Traceback (most recent call last):
  File "<pyshell#16>", line 1, in <module>
    lis.pop(5)
IndexError: pop index out of range
```

(2)L. remove(value)

pop()方法是根据索引删除元素,我们也可以用 remove(value)方法,根据列表中的元素值删除元素。如果列表中有多个相同的 value,则删除的是首次出现的元素;如果列表中不存在 value,则抛出异常。

【例 4.27】　使用 remove()方法删除列表元素。

程序代码及其运行结果如下:

```
>>>lis = [1, 2, 3, 5, 2, 4]      #创建列表
>>>lis     #打印列表
[1, 2, 3, 5, 2, 4]
>>>lis.remove(3)     #删除元素 3
>>>lis     #打印列表
[1, 2, 5, 2, 4]
>>>lis.remove(2)     #删除元素 2,由于元素 2 在列表中有 2 个,删除的是第一个
>>>lis     #打印列表
[1, 5, 2, 4]
>>>lis.remove(6)     #删除元素 6,由于列表中没有 6,将报错
Traceback (most recent call last):
  File "<pyshell#27>", line 1, in <module>
    lis.remove(6)
ValueError: list.remove(x): x not in list
```

（3）L. clear()

前面介绍了用 del 命令删除列表,接下来介绍 clear()方法,两者的区别是 del 是直接把列表删除并从内存里清除掉,而 clear()方法是把列表的元素清空,原列表还存在,只是变成了空列表。

【例 4.28】 使用 clear()方法清空列表元素。

程序代码及其运行结果如下:

```
>>>lis = [1, 2, 3, 4]    #创建列表
>>>lis    #打印列表
[1, 2, 3, 4]
>>>lis.clear()    #清空列表元素
>>>lis    #打印列表
[]
```

3. 查找 L. index()

在列表中查找数据可以用 L. index(value,[start,[stop]]),该方法是根据 value 的值查找该元素在列表 L 中的索引值,如果在列表中 value 有多个,则返回首个找到的索引值,如果找不到,将出现异常。方法中的参数 start 和 stop 为可选项,表示查找的范围,这个范围是一个半闭半开区间[start,stop)。

【例 4.29】 使用 index()方法查找列表元素。

程序代码及其运行结果如下:

```
>>>lis = [10, 11, 12, 13, 11, 13]    #创建列表
>>>lis    #打印列表
[10, 11, 12, 13, 11, 13]
>>>lis.index(13)    #查找元素13,由于列表中有多个13,返回的是首个找到的索引值
3
>>>lis.index(14)    #查找元素14,由于列表中没有14,将报错
Traceback (most recent call last):
  File "<pyshell#31>", line 1, in <module>
    lis.index(14)
ValueError: 14 is not in list
```

4. 统计 L. count()

如果我们要知道指定元素在列表中出现的次数,就可以使用 L. count(value)方法统计。

【例 4.30】 使用 count()方法统计某元素在列表中出现的次数。

程序代码及其运行结果如下:

```
>>>lis = [10, 11, 12, 13, 11, 13]    #创建列表
>>>lis    #打印列表
[10, 11, 12, 13, 11, 13]
>>>lis.count(11)    #统计元素11在列表中出现的次数
2
```

5. 排序 L. sort()

排序的内置函数 sorted()可以对序列操作,操作完后,不管操作的对象是什么类型的序列,返回的都是一个新的列表,并不对原序列做任何修改。这里介绍一种列表的排序方法:L. sort(key=None,reverse=False),该方法是根据列表中元素的值大小原地排序,返回排序完后的列表,它会改变原列表的内容,默认为升序排序。如果要降序排列,只需把 reverse 参数设置为 True,参数 key 为指定列表按什么类别排序,比如按照元素的数值大小(key=int)、元素的长度(key=len)等。

【例 4. 31】　分别使用 sorted()函数和 sort()方法对列表排序,并比较两者之间的区别。

程序代码及其运行结果如下:

```
>>>lis = [5, 14, 8, 7, 20]      #创建列表
>>>lis   #打印列表
[5, 14, 8, 7, 20]
>>>sorted(lis)         #使用内置函数 sorted()排序,将生成一个新列表,不改动原列表内容
[5, 7, 8, 14, 20]
>>>lis   #打印列表
[5, 14, 8, 7, 20]
>>>lis.sort()         #使用列表方法 sort()排序,它是原地排序,将改动原列表内容
>>>lis   #打印列表
[5, 7, 8, 14, 20]
```

6. 翻转 L. reverse()

翻转的内置函数 reversed()可以对序列操作,该函数不对原序列做任何修改,返回的是对原序列翻转后的迭代器。这里介绍一种列表的翻转方法:L. reverse(),该方法是把列表原地翻转,返回翻转后的列表,它会改变原列表的内容。

【例 4. 32】　使用 reverse()方法对列表元素逆序。

程序代码及其运行结果如下:

```
>>>lis = [1, 2, 3, 4, 5]      #创建列表
>>>lis   #打印列表
[1, 2, 3, 4, 5]
>>>lis.reverse()      #对列表进行原地翻转
>>>lis   #打印列表
[5, 4, 3, 2, 1]
```

7. 复制 L. copy()

copy()方法为浅拷贝,即只拷贝一级元素,为一级元素建立新的列表;如果列表中有二级元素,那么二级元素还是引用原有位置的元素。

【例 4. 33】　使用 copy()方法复制列表。

程序代码及其运行结果如下:

```
>>>a = [1, 2, [3, 4, 5]]      #创建一个有 3 个元素的列表，该列表包含有二级元素
>>>b = a.copy()      #复制列表 a，并赋值给 b
>>>a      #打印列表 a
[1, 2, [3, 4, 5]]
>>>b      #打印列表 b
[1, 2, [3, 4, 5]]
>>>b[0] = 10      #将 b 列表中的 b[0]元素值改为 10
>>>b[2][1] = 40      #将 b 列表中的 b[2][1]元素值改为 40
>>>a      #打印列表 a
[1, 2, [3, 40, 5]]
>>>b      #打印列表 b
[10, 2, [3, 40, 5]]
```

4.2.4　列表推导式

在 Python 中，使用列表推导式（也称列表解析），可以简单高效地处理一个可迭代对象，并生成一个满足特定需求的列表。列表推导式的语法形式如下：

```
[表达式 for 迭代变量 in 可迭代对象 [if 条件表达式]]
```

列表推导式在逻辑上等价于 for 循环，只是形式更加简洁，如：

```
for 迭代变量 in 可迭代对象：
    [if 条件表达式：]
        表达式
```

执行的原理是，使用可迭代对象中满足条件的迭代变量来计算表达式的值，利用表达式的值生成列表。

【例 4.34】　使用列表推导式方法创建列表。

程序代码及其运行结果如下：

```
>>>[x * x for x in range(10)]      #使用列表推导式创建一个列表，列表元素为 10 以内
的数字平方
[0, 1, 4, 9, 16, 25, 36, 49, 64, 81]
>>>[x * x for x in range(10) if x % 2 == 1]      #使用列表推导式创建列表，列表元
素为 10 以内奇数的平方
[1, 9, 25, 49, 81]
```

另外，推导式还可以使用嵌套的 for 语句，其中第 1 个 for 语句对应于嵌套循环的外层循环，第 2 个 for 语句对应于嵌套循环的第 2 层循环，以此类推。

【例 4.35】　将列表推导式和嵌套的 for 语句相结合创建列表。

程序代码及其运行结果如下：

```
>>>[(x, y + 10) for x in range(2) for y in range(2)]      #使用嵌套的 for 语
句，生成所有组合的结果
[(0, 10), (0, 11), (1, 10), (1, 11)]
```

4.3　元组

元组和列表在外表上有些类似，列表用方括号标识，元组用圆括号标识，它们都是有序序列。元组与列表的主要区别是列表是可变的，而元组是不可变的。

4.3.1　元组的创建

1. 元组的表示形式

在形式上，元组的所有元素用一对圆括号"（）"括起来，相邻元素之间用逗号分隔。

2. 元组的创建

元组的创建和列表类似，可以使用以下方法：第一种方法和列表相类似，是使用内置函数 tuple()将可迭代对象转换成元组；第二种方法是使用赋值方式来创建，元组不仅可以像列表那样，直接把一个带圆括号的包含多个元素的元组赋给一个变量，还可以把用逗号隔开的多个元素直接赋给一个变量，即创建一个元组。但如果元组的元素只有一个，元素后面必须带一个逗号。

【例 4.36】　使用多种方法创建元组。

程序代码及其运行结果如下：

```
>>> aTuple = ()      #创建一个空元组
>>> bTuple = (1,)      #创建一个只有一个元素的元组，后面的逗号不能省
>>> cTuple = 2,      #可以不带圆括号，直接把元素序列赋给变量
>>> dTuple = (1, 2, 'Python', [1, 2, 3])      #创建包含多个元素的元组
>>> eTuple = 1, 2, 'Python', [1, 2, 3]      #创建包含多个元素的元组，可以不带圆
括号
>>> fTuple = tuple('Python')      #通过内置函数 tuple()把可迭代对象转换成元组
>>> aTuple
()
>>> bTuple
(1,)
>>> cTuple
(2,)
>>> dTuple
(1, 2, 'Python', [1, 2, 3])
>>> eTuple
(1, 2, 'Python', [1, 2, 3])
>>> fTuple
('P', 'y', 't', 'h', 'o', 'n')
```

3. 元组的操作

元组的切片、求长度等操作和列表类似。因为元组是不可变序列,所以不能对元组的元素进行修改、原地排序、原地翻转等操作,否则会出现异常,即元组没有 sort()、reverse()方法。

有一种情况要注意,元组里的可变元素内的元素是可以修改的,例如元组里包含了列表元素,那这列表元素内的值是可变的。

【例 4.37】 创建一个元组,修改元组中不同类型的元素,并分析其运行结果。

程序代码及其运行结果如下:

```
>>> aTuple = (1, 2, ['Python', 3, 4], 'apple')    #创建一个元组
>>> aTuple[1]    #通过索引访问元组的元素
2
>>> aTuple[1] = 5    #通过索引找到元素 2,并尝试对其进行修改,但会出现异常
Traceback (most recent call last):
  File "<pyshell#17>", line 1, in <module>
    aTuple[1] = 5
TypeError: 'tuple' object does not support item assignment
>>> aTuple.sort()    #尝试用 sort()方法对元组排序,但是元组没有此方法,所以将抛出异常
Traceback (most recent call last):
  File "<pyshell#18>", line 1, in <module>
    aTuple.sort()
AttributeError: 'tuple' object has no attribute 'sort'
>>> aTuple[2][0]    #通过二级索引找到元素'Python'
'Python'
>>> aTuple[2][0] = 'love'    #找到元素'Python',并尝试将其改成'love'
>>> aTuple
(1, 2, ['love', 3, 4], 'apple')
```

4. 元组的作用

在 Python 中元组一般有如下几种用法:

(1)作为映射类型中的键,例如字典中的键;

(2)作为函数的特殊类型的参数,例如可变长参数;

(3)表示未明确定义的一组对象,例如一组数据未确定是列表还是元组时,Python 默认其为元组,或者函数返回的是一组值时,默认类型也是元组。

4.3.2 元组的方法

元组能使用的方法比较少,只有 count()和 index()。表 4—3 列出了常用的元组方法,具体的使用方法可以使用 help(tuple.方法名)来查看。

表 4—3　　　　　　　　　　　　　　　　元组的常用方法及其功能

类　别	方　法	功　能
查找	T. index(value,[start,[stop]])	返回对象 value 在元组中的索引值,后面查找范围为可选项
统计	T. count(value)	统计对象 value 在元组中出现的次数

这两种方法和列表中的 index()、count()使用方法完全一样,具体可参考列表中的相关介绍。

4.4　字　符　串

在 Python 中,字符串是程序设计中最常用的数据类型之一,它属于不可变的有序序列,一经赋值,便不能对字符串对象进行元素的增、删、改操作,切片操作也只能访问其中的元素而无法使用切片来修改字符串中的元素。字符串除了支持序列通用操作方法外,还支持一些特有的操作方法。

4.4.1　字符串的创建

1.字符串的表示形式

除了之前介绍的使用单引号、双引号、三引号来表示字符串外,还可以使用原始字符串(或称为"原生字符串"),即在字符串的界定符前面加字符"r"或"R",在不需要转义字符起作用的地方(比如正则表达式、文件路径)经常使用。

【例 4.38】　创建字符串。

程序代码及其运行结果如下:

```
>>>s= 'd:\Python\n.py'    #创建一个字符串,此字符串的本意是表示一个路径,其中的每个字符'\'都应该是路径的分界符,但是第二个'\'将与字符'n'组合成一个表示换行的转义字符
>>>print(s)    #通过print()函数打印字符串,将验证前面的注释
d:\Python
.py
>>>S = r'd:\Python\n.py'    #创建一个原始字符串,使用的方法是在引号的前面加上字母"r",则字符串中每个字符只表示其原本字符,将失去转义功能,所以"\n"不是当作换行转义字符,而是作为字符本身使用
>>>print(S)    #通过print()函数打印字符串
d:\Python\n.py
```

2. 字符串的创建

字符串的创建主要有两种方式：一种是直接通过一对引号创建字符串对象；另一种是使用 str() 函数将其他类型对象转换为字符串对象。我们也可以把创建的字符串对象通过赋值语句赋值给某个变量。

【例 4.39】 使用 str() 函数创建字符串。

程序代码及其运行结果如下：

```
>>>s1 = 'Python'      #创建一个字符串，并赋值给变量 s1
>>>s1      #打印字符串
'Python'
>>>s2 = ''      #创建一个空字符串
>>>s2      #打印字符串
''
>>>s3 = str()      #使用函数 str() 创建空字符串
>>>s3      #打印字符串
''
>>>s4 = str([1,2,3])      #使用函数 str() 将列表转换为字符串
>>>s4      #打印字符串
'[1, 2, 3]'
```

4.4.2　字符串的方法

在 Python 中，提供了很多对字符串进行查找、替换、判断、拆分、连接等操作的方法。因为字符串是不可变的序列，所以对字符串"修改"的方法都是返回修改后的新字符串，原始字符串不会做任何改动。下面按照不同的操作类别介绍字符串方法。

1. 字符串大小写转换

表 4—4 列出了字符串大小写转换的方法。

表 4—4　　　　　　　　　　字符串对象大小写转换方法（S 为字符串对象）

方　法	功　能
S. capitalize()	返回只有首字母大写的字符串
S. lower()	将 S 中的所有字母转换成小写
S. upper()	将 S 中的所有字母转换成大写
S. swapcase()	将 S 中的字母大小写互换
S. title()	将 S 中的所有单词首字母转换成大写

【例 4.40】 使用字符串大小写转换方法操作字符串。

程序代码及其运行结果如下：

```
>>>S = 'i love Python'    #创建一个字符串
>>>S  #打印字符串
'i love Python'
>>>S.capitalize()    #除首字母大写外，其余都小写
'I love python'
>>>S.lower()    #所有字母都小写
'i love python'
>>>S.upper()    #所有字母都大写
'I LOVE PYTHON'
>>>S.swapcase()    #原有的字母大小写互换
'I LOVE pYTHON'
>>>S.title()    #所有的单词首字母大写
'I Love Python'
```

2. 去除字符串中指定的字符

表 4—5 列出了去除字符串中指定字符的方法。

表 4—5　　　　　　　　　去除字符串中指定字符方法（S 为字符串对象）

方　法	功　能
S. strip([char])	将 S 中两边指定的字符 char 删除，默认为空白字符（包括空格、换行符、制表符等）
S. lstrip([char])	将 S 中左边指定的字符 char 删除，默认为空白字符（包括空格、换行符、制表符等）
S. rstrip([char])	将 S 中右边指定的字符 char 删除，默认为空白字符（包括空格、换行符、制表符等）

【例 4. 41】　使用多种方法去除字符串中指定的字符。

程序代码及其运行结果如下：

```
>>>S = '  i love Python '    #创建字符串
>>>S  #打印字符串
'i love Python '
>>>S.strip()    #去除字符串两端的空字符
'i love Python'
>>>S.lstrip()    #去除字符串中左边的空字符
'i love Python '
>>>S = 'aabbcc'    #创建字符串
>>>S.rstrip('cc')    #将字符串 S 中右边的'cc'字符删除
'aabb'
```

3. 查找

表 4—6 列出了字符串中查找的方法。

表 4—6 字符串查找方法(S 为字符串对象)

方　法	功　能
S. find(sub[,start[,end]])	返回子串 sub 在 S 中首次出现的位置,参数 start 和 end 为可选项,指定搜索的起始和结束位置,若找不到返回−1
S. index(sub[,start[,end]])	与 find 类似,若找不到产生异常
S. rfind(sub[,start[,end]])	用法类似 find(),从右边开始查找
S. rindex(sub[,start[,end]])	用法类似 index(),从右边开始查找
S. count(sub[,start[,end]])	返回子串 sub 在 S 中出现的次数,参数 start 和 end 为可选项,指定搜索的起始和结束位置

【例 4.42】 使用多种方法查找字符串中指定的内容。

程序代码及其运行结果如下:

```
>>>S = 'pear, peach, apple, pear, banana'  #创建字符串
>>>S.find('peach')  #查找'apple',返回首个找到的索引值
6
>>>S.find('apple', 15, 20)    #在指定范围内查找'apple',找不到将返回−1
-1
>>>S.rfind('pear')     #从字符串右边开始查找,返回首个找到的索引值
20
>>>S.index('pear')     #查找'pear',返回首个找到的索引值
0
>>>S.index('dog')     #查找'dog',找不到将报错
Traceback (most recent call last):
  File "<pyshell#24>", line 1, in <module>
    S.index('dog')
ValueError: substring not found
>>>S.count('a')     #条件字符'a'的个数
7
```

4. 判断字符串以什么字符开始或结尾

这类方法主要有两种:S. startswith(prefix[,start[,end]])、S. endswith(suffix[,start[,end]])。

【例 4.43】 判断字符串是否以指定的内容开头或结尾。

程序代码及其运行结果如下:

```
>>>S = 'i love Python'    #创建字符串
>>>S.startswith('i')     #判断 S 是否以'i'开头，返回布尔型数据
True
>>>S.startswith('i', 2, 7)     #判断 S 的 2 ～ 7 区间内是否以'i'开头，返回布尔型数据
False
>>>S.endswith('on')     #判断 S 是否以'on'结尾，返回布尔型数据
True
```

5. 替换

S. replace(old,new[,count]):将 S 中的 old 替换成 new,如果 old 出现多次,则默认替换所有;如果指定替换数量 count,则替换 old 的个数不超过 count 的值。

【例 4.44】　使用 replace()方法将字符串中指定的内容替换成新的内容。

程序代码及其运行结果如下:

```
>>>S = 'i love love Python'    #创建字符串
>>>S.replace('love', 'study')    #将 S 中的'love'全替换成'study'
'i study study Python'
>>>S.replace('love', 'study', 1)    #将 S 中 1 个'love'替换成'study'
'i study love Python'
```

6. 连接

S. join(iterable):按照指定的字符串 S,将可迭代对象 iterable 中的元素连接起来,返回一个字符串。

【例 4.45】　使用 join()方法将多个对象用指定的字符串连接起来。

程序代码及其运行结果如下:

```
>>>lis = ['I', 'love', 'Python']     #创建字符串
>>>'*'.join(lis)     #用'*'作为连接符将 lis 中的元素连接起来
'I*love*Python'
```

7. 拆分

表 4－7 列出了字符串拆分的方法。

表 4－7　　　　　　　　　　　　字符串拆分方法(S 为字符串对象)

方　法	功　能
S. split(sep＝None,maxsplit＝－1)	以 sep 为分隔符将 S 分割成若干元素,返回这些元素组成的列表,若没有参数 sep,将以空白符号(包括空格、换行符、制表符等)分割;如果不指定参数 maxsplit,则将 S 完全分割;如果指定 maxsplit,则按 maxsplit 次数从左到右将 S 分割

方　法	功　能
S. rsplit(sep＝None,maxsplit＝－1)	以 sep 为分隔符将 S 从右开始分割成若干元素,返回这些元素组成的列表,若没有参数 sep,将以空白符号(包括空格、换行符、制表符等)分割;若不指定参数 maxsplit,则将 S 完全分割;若指定 maxsplit,则按 maxsplit 次数从右到左将 S 分割
S. splitlines([keepends])	将 S 按行分割,返回以 S 中每一行为元素的列表
S. partition(sep)	在 S 中找到 sep 第一次出现的位置,返回一个含 3 个元素的元组(sep 左边的子串,sep,sep 右边的子串),即以 sep 为界将 S 一分为三,如果找不到将返回元组(S,'','')
S. rpartition(sep)	用法类似 partition(),从右边开始查找

【例 4.46】 使用多种方法将字符串拆分。

程序代码及其运行结果如下:

```
>>>S = 'I love Python'     #创建字符串
>>>S.split()     #若不指定拆分字符,则以空格为拆分字符将字符串 S 拆分,返回一个列表
['I', 'love', 'Python']
>>>S.split('o')     #指定拆分字符'o',将字符串 S 从左到右拆分,若不指定拆分次数,则默认
对整个字符串拆分
['I l', 've Pyth', 'n']
>>>S.split('o', 1)     #指定'o'为拆分字符,并将字符串 S 拆分一次
['I l', 've Python']
>>>S.rsplit('o', 1)     #指定'o'为拆分字符,从右往左拆分,并只拆分一次
['I love Pyth', 'n']
>>>S.partition('v')     #按指定字符'v',将字符串 S 分割成包含 3 个元素的元组
('I lo', 'v', 'e Python')
>>>S = '''What is your name?
My name is Python.
I love Python.'''
>>>S
'What is your name?\nMy name is Python.\nI love Python.'
>>>S.splitlines()     #将字符串 S 以行为单位拆分,返回以每行字符串为元素的列表
['What is your name?', 'My name is Python.', 'I love Python.']
```

8. 判断字符串中字符的类型

表 4－8 列出了判断字符串中字符类型的方法。

表 4—8　　　　　　　　判断字符串中字符类型的方法(S 为字符串对象)

方　法	功　能
S. isalnum()	判断 S 是否全部由字母和数字组成,返回布尔型数据
S. isalpha()	判断 S 是否全部由字母组成,返回布尔型数据
S. isdigit()	判断 S 是否全部由数字组成,返回布尔型数据
S. islower()	判断 S 中的字母是否都是小写,返回布尔型数据
S. isupper()	判断 S 中的字母是否都是大写,返回布尔型数据
S. isspace()	判断 S 是否全部都是空格,返回布尔型数据

【例 4.47】　使用多种方法判断字符串中字符的类型。

程序代码及其运行结果如下:

```
>>>'abc123'.isalnum()      #判断字符串是否由字母和数字组成
True
>>>'What is your name?'.isalnum()    #判断字符串是否由字母和数字组成
False
>>>'abc123'.isalpha()     #判断字符串是否全是由字母组成
False
>>>'123'.isdigit()     #判断字符串是否全是由数字组成
True
>>>'Python'.islower()     #判断字符串是否全是小写字母
False
>>>'python 123'.islower()      #判断字符串是否全是小写字母,只判断里面的字母是否满
足条件
True
>>>' '.isspace()     #判断字符串是否全是空白字符
True
>>>'I love Python'.isspace()      #判断字符串是否全是空白字符
False
```

9. 对齐

表 4—9 列出了设定字符串对齐方式的方法。

表 4—9　　　　　　　　设定字符串对齐方式的方法(S 为字符串对象)

方　法	功　能
S. center(width[,fillchar])	返回一个长度 width 参数规定的宽度居中的字符串,参数 fillchar 为可选项,默认为空格,否则就用 fillchar 填充空白
S. ljust(width[,fillchar])	返回一个长度为 width 的左对齐字符串,如果 S 长度达不到 width,则默认用空格填充,或者用 fillchar 字符填充
S. rjust(width[,fillchar])	返回一个长度为 width 的右对齐字符串,如果 S 长度达不到 width,则默认用空格填充,或者用 fillchar 字符填充
S. zfill(width)	返回长度为 width 的字符串,原字符串右对齐,前面用 0 填充

【**例 4.48**】 使用多种方法将字符串进行多种形式的对齐。

程序代码及其运行结果如下：

```
>>>S = 'Python'        #创建字符串
>>>S.center(15)        #将 S 设置成原字符串居中的长度为 15 的字符串，两端用空格填充
'     Python    '
>>>S.center(15, '*')      #将 S 设置成原字符串居中的长度为 15 的字符串，两端用'*'填充
'*****Python****'
>>>S.ljust(15, '*')      #将 S 设置成原字符串左对齐的长度为 15 的字符串，右端用'*'填充
'Python*********'
>>>S.rjust(15, '*')      #将 S 设置成原字符串右对齐的长度为 15 的字符串，左端用'*'填充
'*********Python'
>>>S.zfill(15)       #将 S 设置成原字符串右对齐的长度为 15 的字符串，左端用'0'填充
'000000000Python'
```

4.4.3 字符串格式化输出

Python 中提供了多种方式实现字符串的格式化输出，其中最常用的就是百分号方式和 format()方式。百分号方式在第 2 章已经介绍过，本节主要介绍字符串中的 format()方法。

format()方法的使用语法形式为：

```
<模板字符串>.format(<参数列表>)
```

上面的模板字符串由"字符串"和"{ }"两部分组成，"{ }"的作用与百分号相同，用来给输出内容[即 format()方法的参数]占位，例如用 format()方法实现例 2.10。其代码如下：

```
>>> print('我的名字叫{}，今年{} 岁'.format('张三', 20))
我的名字叫张三，今年 20 岁
```

该例中模板字符串有两个"{ }"，并且"{ }"内没有指定任何序号（从 0 开始编号），则"{ }"内填充内容的顺序默认与参数出现的顺序一致。"{ }"与 format()参数之间的顺序关系参考图 4.2。

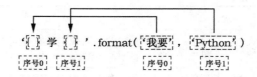

图 4.2 "{ }"与 format()参数之间的顺序关系

如果模板字符串中的"{ }"明确使用了参数的序号（参数的序号从 0 开始编号），则需要按照序号对应的参数填充。带序号的"{ }"与参数之间的顺序关系参考图 4.3。

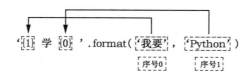

图 4.3　带序号的"{ }"与 format( )参数之间的顺序关系

format()方法中,模板字符串的花括号中除了参数序号以外,还包括其他控制信息,这时"{ }"内部的形式为:

{<参数序号> : <格式控制标记>}

上面的格式控制标记包括[填充]、[对齐]、[宽度]、[,]、[.精度]和[类型]6 个字段,这些字段都是可选的,它们也可以多个组合使用。下面分别说明这些字段的功能。

(1)[填充]字段用于多余空间的填充,是一个字符,默认为空格。

(2)[对齐]字段用于控制字符串的对齐,分别使用"<"、">"和"∧"符号表示左对齐、右对齐和居中对齐。

(3)[宽度]字段用于指定输出字符串的宽度,如果设定的数值小于字符串实际的长度,则使用字符串实际的长度;否则,使用指定的长度。

【例 4.49】　指定字符串输出的宽度,尝试用不同的对齐方式输出,并用♯填充多余的空间。

程序代码及其运行结果如下:

```
>>> string = 'Python'
>>> '{:10}'.format(string)    #左对齐,指定宽度为10,多余空间用空格填充
'Python    '
>>> '{:>10}'.format(string)   #右对齐,指定宽度为10,多余空间用空格填充
'    Python'
>>> '{:#>10}'.format(string)  #右对齐,指定宽度为10,多余空间#填充
'####Python'
>>> '{:#^10}'.format(string)  #居中对齐,指定宽度为10,多余空间用#填充
'##Python##'
>>> '{:#^2}'.format(string)   #居中对齐,指定宽度为2,宽度小于字符串长度,直接
显示字符串
'Python'
```

(4)[,]字段为数字类型的千分位分隔符。

(5)[.精度]字段以小数点开头。对于浮点数,精度表示小数部分输出的有效位数;对于字符串,精度表示输出字符串的字符个数。

【例 4.50】　千分位字段及精度字段示例。

程序代码及其运行结果如下:

```
>>> '{:,.2f}'.format(31415.926)      #显示千分位分隔符,并将浮点数保留2位小数
'31,415.93'
>>> '{:.3}'.format('Python')      #字符串长度为3
'Pyt'
```

(6)［类型］字段用于控制整型和浮点型数据的格式规则,具体的输出格式参考表4—10。

表4—10   类型控制字符及其表示的含义

类　别	字　符	功　能
整型	b	整数的二进制形式
	c	整数对应的 Unicode 字符
	d	整数的十进制形式
	o	整数的八进制形式
	x	整数的小写十六进制形式
	X	整数的大写十六进制形式
浮点型	e	浮点数对应的小写字母 e 的指数形式
	E	浮点数对应的大写字母 E 的指数形式
	f	浮点数的标准形式
	%	浮点数的百分比形式

【例 4.51】 类型字段示例。

程序代码及其运行结果如下:

```
>>> >>> '{:b}'.format(7)      #输出7的二进制形式
'111'
>>> '{:c}'.format(65)      #输出65的Unicode字符
'A'
>>> '{:e}'.format(1234.567)      #输出数字的指数形式
'1.234567e+03'
>>> '{:%}'.format(0.77)      #输出百分比形式
'77.000000%'
>>> '{:.2%}'.format(0.77)      #输出百分比形式,并保留两位小数
'77.00%'
```

4.5　字　典

在 Python 中,字典是一种由键值对组成的映射类型,是无序的可变序列,具有以下一些特征:

(1)字典是包含若干"键:值"元素的无序可变序列,字典中的每一个元素包含两部分:

"键"和"值"。形式上，每个元素的"键"和"值"用冒号分隔，相邻元素之间用逗号分隔，所有元素用一对大括号"{ }"括起来。

（2）字典中的"键"可以是 Python 中任意不可变数据，例如整数、浮点数、复数、字符串、元组等，但是不能使用列表、集合、字典作为字典的"键"，因为这些类型的元素是可变的。字典中的"值"可以是 Python 中任意数据。

（3）因为字典的"键"不允许重复，所以它具有唯一性，但是"值"是可以重复的。

4.5.1　字典的创建

1. 直接创建

使用赋值运算符将一个字典赋值给一个变量即可，具体方法是用大括号将字典的键值对括起来，每个键值对元素之间用逗号","分隔，键和值之间用冒号":"分隔，形成一对一的映射关系。

【例 4.52】　使用赋值形式创建字典。

程序代码及其运行结果如下：

```
>>>score = {'zhangsan':95, 'lisi':88, 'wangwu':97}    #创建一个字典，并赋值
给变量 score
>>>score    #打印输出字典
{'zhangsan': 95, 'lisi': 88, 'wangwu': 97}
```

2. 用 dict()函数创建

通过内置函数 dict()将序列类型（如列表、元组等）的数据对象转换成字典，但是要注意序列对象中每个数据成员应该有键和值之间的对应的映射关系。

【例 4.53】　使用 dict()函数创建字典。

程序代码及其运行结果如下：

```
>>>score_dict1 = dict([['zhangsan',95], ['lisi',88], ['wangwu',97]])
#创建字典
>>>score_dict1    #打印字典
{'zhangsan': 95, 'lisi': 88, 'wangwu': 97}
>>>score_dict2 = dict(zhangsan = 95, lisi = 88, wangwu = 97)    #创建字典
>>>score_dict2    #打印字典
{'zhangsan': 95, 'lisi': 88, 'wangwu': 97}
>>>name_lis = ['zhangsan', 'lisi', 'wangwu']
>>>score_lis = [95, 88, 97]
>>>score_dict3 = dict(zip(name_lis, score_lis)    #通过 zip()函数将两列表打
包后创建字典
>>>score_dict3    #打印列表
{'zhangsan': 95, 'lisi': 88, 'wangwu': 97}
```

3. 用方法 fromkeys(iterable[，value＝None])创建

fromkeys()是字典的方法，用来创建一个新的字典，其中，参数 iterable 是可迭代对象，它对应着字典里的键；参数 value 是字典的所有键对应的值，它是可选参数，如果省略，则字典的键对应的值为 None。我们可以通过这个方法来创建一个所有值都相等的字典。

【例 4.54】 使用 fromkeys()方法创建字典。

程序代码及其运行结果如下：

```
>>>aDict = {}.fromkeys(('zhangsan', 'lisi', 'wangwu'), 98)      #创建所有元素
值都为 98 的字典
>>>bDict = {}.fromkeys(('zhangsan', 'lisi', 'wangwu'), (98, 97, 95))
#创建所有元素值都为(98,97,95)的字典
>>>cDict = {}.fromkeys(('zhangsan', 'lisi', 'wangwu'))      #创建所有元素值都
为 None 的字典
>>>aDict
{'zhangsan': 98, 'lisi': 98, 'wangwu': 98}
>>>bDict
{'zhangsan': (98, 97, 95), 'lisi': (98, 97, 95), 'wangwu': (98, 97, 95)}
>>>cDict
{'zhangsan': None, 'lisi': None, 'wangwu': None}
```

4.5.2　字典的常用操作

基于字典是无序的可变序列，我们可以对字典进行增、删、改、查等常用操作。假设已有学生成绩表字典 score：score＝{'zhangsan':95,'lisi':88,'wangwu':97}，我们将对该字典进行一些常用操作。

1. 访问字典元素

因为字典是无序序列，所以不支持索引访问元素，字典中是通过"键"来访问对应的"值"。

【例 4.55】 创建班级学生成绩表字典，然后查看某同学的成绩。

程序代码及其运行结果如下：

```
>>>score = {'zhangsan':95, 'lisi':88, 'wangwu':97}      #创建字典
>>>score['lisi']      #访问字典元素
88
>>>score['zhaoliu']      #访问字典元素，如果该键字典中不存在，就会报错
Traceback (most recent call last):
  File "<pyshell#18>", line 1, in <module>
    score['zhaoliu']
KeyError: 'zhaoliu'
```

2. 增加字典元素

因为字典是可变序列，所以可往已有的字典中添加新的元素。添加方法很简单，就是

对一个字典的新键赋值。

【例 4.56】　在班级学生成绩表字典中增加一个新同学的成绩。

程序代码及其运行结果如下：

```
>>>score['zhaoliu'] = 77      #通过赋值语句对新的键'zhaoliu'赋值 77,则字典中增
加了一个新元素('zhouliu':77)
>>>score   #打印字典
{'zhangsan': 95, 'lisi': 88, 'wangwu': 97, 'zhaoliu': 77}
```

3. 修改字典的"键"对应的"值"

不仅可以增加新元素,而且可以修改字典中"键"对应的"值"。

【例 4.57】　在班级学生成绩表字典中修改某同学的成绩。

程序代码及其运行结果如下：

```
>>>score['lisi'] = 60     #将"lisi"的成绩改为 60
>>>score   #打印字典
{'zhangsan': 95, 'lisi': 60, 'wangwu': 97, 'zhaoliu': 77}
```

4. 字典成员判断

要判断某个元素是否在字典中,可以使用成员对象运算符"in"实现。

【例 4.58】　判断某同学是否在班级学生成绩表字典中。

程序代码及其运行结果如下：

```
>>>'lisi' in score     #判断"lisi"是否在字典中
True
>>>'heqi' in score     #判断"heqi"是否在字典中
False
```

5. 字典的排序

字典中的元素是无序的,可以使用内置函数 sorted() 对字典排序,但是要注意：排序是对字典的键排序,而排序的结果是所有键的组成的列表。

【例 4.59】　对班级学生成绩表字典按学生姓名排序。

程序代码及其运行结果如下：

```
>>>sorted(score)     #对字典排序,返回"键"组成的列表
['lisi', 'wangwu', 'zhangsan', 'zhaoliu']
```

6. 删除字典

删除字典,可以使用 del 命令来完成。不仅可以删除整个字典,而且可以删除字典中的某个元素,若要删除某个字典元素,则只需删除"键"即可。

【例 4.60】　删除班级学生成绩表字典中的某位同学的信息。

程序代码及其运行结果如下：

```
>>>score    #打印字典
{'zhangsan': 95, 'lisi': 60, 'wangwu': 97, 'zhaoliu': 77}
>>>del score['zhangsan']    #删除字典元素"'zhangsan':95"
>>>score  #打印字典
{'lisi': 60, 'wangwu': 97, 'zhaoliu': 77}
>>>del score    #删除整个字典
>>>score    #打印字典,将报错,因为字典已被删除
Traceback (most recent call last):
  File "<pyshell#30>", line 1, in <module>
    score
NameError: name 'score' is not defined
```

4.5.3 字典的方法

除了上面介绍的字典的常用操作外,还可以用针对字典特有的方法来操作字典。
字典对象的常用方法如表 4-11 所示。

表 4-11　　　　　　　　　字典对象的常用方法(D 为字典对象)

类　别	方　法	功　能
访问字典元素	D. keys()	返回字典 D 的所有键组成的列表
	D. values()	返回字典 D 的所有值组成值的列表
	D. items()	返回字典 D 的所有键值对(元组)组成的列表
	D. get(key, default = None)	返回键 key 对应的值,如果 key 不存在,则返回 default 值
删除字典元素	D. pop(key[,default])	返回 key 对应的值,同时在字典中删除 key 对应的键值对
	D. popitem()	返回字典中的某一键值对,同时在字典中删除该键值对
	D. clear()	清除字典的所有元素,字典变成空字典
修改	D. update(dict2)	将字典 dict2 中的键值对添加到 D 中,若键已存在,则更新数据
复制	D. copy()	返回 D 的副本
设置默认元素值	D. setdefault(key, default = None)	若 key 在 D 中已存在,则返回 key 原有的值;若 key 在 D 中不存在,则将 key 的值设置为参数 default 的值;如果参数 default 省略,则 key 的值设置为 None,同时把新的键值对添加到 D 中
创建字典	D. fromkeys(iterable [, value=None])	创建并返回一个新字典 D,由参数 iterable 中的元素作为键,参数 value 作为所有键的值,如果参数 value 省略,则值均为 None

1. 访问字典元素

访问字典的方法主要有四种:D. keys()、D. values()、D. items()、D. get(key,default=

None）。

【例 4.61】　创建班级学生成绩表字典，使用多种方法查看学生的信息。

程序代码及其运行结果如下：

```
>>>score = {'zhangsan':95, 'lisi':88, 'wangwu':97}      #创建字典
>>>score.keys()        #返回一个"dict_keys"对象（不能直接访问，若要访问可先转换成
列表），里面元素为字典的所有键
dict_keys(['zhangsan', 'lisi', 'wangwu'])
>>>score.values()         #返回一个"dict_values"对象（不能直接访问，若要访问可先转
换成列表），里面元素为字典的所有值
dict_values([95, 88, 97])
>>>score.items()        #返回一个"dict_items"对象（不能直接访问，若要访问可先转换
成列表），里面元素为字典的所有键值对。
dict_items([('zhangsan', 95), ('lisi', 88), ('wangwu', 97)])
>>>score.get('lisi')       #返回指定键对应的值
88
>>>score.get('lisi', 100)      #带有default参数，且字典中含有指定的键，返回的还是
指定键对应的值
88
>>>score.get('zhaoliu', 100)       #带有default参数，且字典中不含指定的键，返回的
是default参数的值
100
```

2.删除字典元素

删除字典的方法主要有三种：D. pop(key[,default])、D. popitem()、D. clear()。

【例 4.62】　创建班级学生成绩表字典，使用多种方法删除学生的信息。

程序代码及其运行结果如下：

```
>>>score = {'zhangsan':95, 'lisi':88, 'wangwu':97}       #创建字典
>>>score.pop('lisi')        #弹出指定键对应的元素，返回键对应的值
88
>>>score       #打印字典，通过pop后，弹出的键值对将从字典中删除
{'zhangsan': 95, 'wangwu': 97}
>>>score.popitem()        #弹出一个字典元素，返回被弹出的键值对，同时该键值对从字典中
删除
('wangwu', 97)
>>>score        #打印字典
{'zhangsan': 95}
>>>score.clear()        #清空字典，将删除字典内的所有元素
>>>score       #打印字典
{ }
```

3.修改

使用 D. update(dict2)方法将字典 dict2 中的所有键值对添加到字典 D 中，若键已存在，则更新数据。注意：该方法中参数的数据类型必须是字典类型。

【例 4.63】 创建一个学生成绩表字典，批量增加学生的信息。

程序代码及其运行结果如下：

```
>>>score = {'zhangsan':95, 'lisi':88, 'wangwu':97}       #创建字典
>>>score.update({'lisi':77, 'zhaoliu':90})        #更新字典，更新已有的键对应的值，添加没有的键值对
>>>score
{'zhangsan': 95, 'lisi': 77, 'wangwu': 97, 'zhaoliu': 90}
```

4. 设置默认元素值

使用 D. setdefault(key,default＝None)方法往字典里添加键值对，如果字典中已经存在要添加的键 key，则原有的键值对保持不变，方法返回的是原有键所对应的值；如果字典中不存在要添加的键 key，则把对应的参数 key 和参数 default 组成键值对添加到字典中，返回参数 default 的值，如果参数 default 省略，则返回 None。

【例 4.64】 创建一个学生信息字典，使用 setdefault()方法操作该字典。

程序代码及其运行结果如下：

```
>>>stu = {'姓名':'张三', '性别':'男', '身高':180} #创建字典
>>>stu.setdefault('性别','女')       #设置"性别"为"女"，由于字典中已有该键值对，因此运行结构返回原有的值
'男'
>>>stu.setdefault('年龄', 22)       #设置"年龄"为"22"，由于字典中没有该键值对，因此将其添加到字典中，运行结构返回设置的值
22
>>>stu.setdefault('体重')       #设置"体重"，由于没有 default 参数，因此该键设置的值为"None"
>>>stu  #打印字典
{'姓名': '张三', '性别': '男', '身高': 180, '年龄': 22, '体重': None}
```

4.6 集 合

Python 中集合的概念与数学中的一样，它是一个无序的、可变序列，与字典一样使用一对大括号"{ }"将集合元素括起来，同一集合的元素之间不允许重复，集合中的每个元素都是唯一的。我们经常利用集合元素的唯一性来对序列进行去重操作。集合中的元素只能包含数字、字符串、元组等不可变类型的数据，不能包含列表、字典、集合等可变类型的数据。

4.6.1 集合的创建及元素访问

在形式上，集合的所有元素用一对大括号"{ }"括起来，相邻元素之间用逗号分隔开。

1. 集合的创建

集合的创建可以直接使用大括号包裹元素的方式；也可以用 set() 函数将列表、元组、字符串、range 对象等可迭代对象转换成集合。如果原来数据中存在重复元素，则在转换成集合后只保留一个；如果原可迭代对象中包含可变数据，则无法转换。

【例 4.65】　使用多种方法创建集合。

程序代码及其运行结果如下：

```
>>>{77, 'Python', (1,2,3), 77}        #创建集合，重复元素将保留一个
{(1, 2, 3), 77, 'Python'}
>>>{1, 2, [1, 2, 3]}      #集合中的元素不能包含列表，将报错
Traceback (most recent call last):
  File "<pyshell#41>", line 1, in <module>
    {1, 2, [1, 2, 3]}
TypeError: unhashable type: 'list'
>>>{1, 2, {1, 2, 3}}       #集合中的元素不能包含集合，将报错
Traceback (most recent call last):
  File "<pyshell#42>", line 1, in <module>
    {1, 2, {1, 2, 3}}
TypeError: unhashable type: 'set'
>>>{1, 2, {'lisi':77}}        #集合中的元素不能包含字典，将报错
Traceback (most recent call last):
  File "<pyshell#43>", line 1, in <module>
    {1, 2, {'lisi':77}}
TypeError: unhashable type: 'dict'
>>>set(range(7))      #将 range 对象转换成集合
{0, 1, 2, 3, 4, 5, 6}
>>>set([0,1,2,0,1,2])        #将列表转换成集合，重复元素将只保留一个
{0, 1, 2}
>>>set('Python')      #将字符串转换成集合
{'t', 'h', 'n', 'y', 'P', 'o'}
>>>S = set()     #创建空集合
>>>S     #打印空集合，将用 set() 表示空集合
set()
```

注意：因为直接使用一对空大括号，Python 默认将它当作创建空字典，所以如果要创建空集合，则只能用 set() 函数实现，空集合用"set()"表示。

2. 访问集合元素

由于集合中的元素是无序的，因此无法像有序序列那样使用索引访问元素。在 Python 中，访问集合元素可以用循环将集合中的元素逐一读取。

【例 4.66】　创建一个集合，并访问集合的所有元素。

程序代码及其运行结果如下：

```
>>>S = {77, 'Python', (1,2,3), 77}      #创建集合
>>>for i in S:
    print(i, end=' ')        #通过 for 循环输出集合元素，每输出一个元素以空格结束
Python (1, 2, 3) 77
```

4.6.2　集合运算符

Python 中的集合也具有一些数学中集合的用法，比如，判断集合 S1 是不是集合 S2 的子集、真子集、超集、真超集；判断两个集合是否相等；判断一个元素是否属于一个集合；计算两个集合的交集、并集、差集、对称差集。

表 4—12 列出了集合的数学运算符号和 Python 运算符号的对应关系。

表 4—12　　　　　　　　　　　　集合运算符号

数学符号	Python 符号	功　能
∈	in	判断一个元素是否属于一个集合，结果为布尔型数据
∉	not in	判断一个元素是否不属于一个集合，结果为布尔型数据
=	==	判断两个集合是否相等，结果为布尔型数据
≠	!=	判断两个集合是否不相等，结果为布尔型数据
⊂	<	判断一个集合是不是另一个集合的真子集，结果为布尔型数据
⊆	<=	判断一个集合是不是另一个集合的子集，结果为布尔型数据
⊃	>	判断一个集合是不是另一个集合的真超集，结果为布尔型数据
⊇	>=	判断一个集合是不是另一个集合的超集，结果为布尔型数据
∩	&	计算两个集合的交集，结果为一个集合
∪	|	计算两个集合的并集，结果为一个集合
\	—	计算两个集合的差集，结果为一个集合
△	^	计算两个集合的对称差集，结果为一个集合

4.6.3　集合的方法

表 4—13 中为一些常用的集合操作方法，用于添加元素、删除元素等操作。

表 4—13　　　　　　　　　　集合常用方法(S 为集合对象)

方　法	功　能
S. add(obj)	将对象 obj 添加到 S 集合中
S. update(t)	将集合 S 和集合 t 的并集添加到 S 集合中
S. remove(obj)	从集合 S 中删除对象 obj，若 obj 不属于 S，则返回异常

续表

方　法	功　能
S. discard(obj)	从集合 S 中删除对象 obj,若 obj 不属于 S,则不做任何操作
S. pop()	从集合 S 中删除任意一个成员,并返回该成员
S. clear()	将集合清空

【例 4.67】　创建一个集合,使用集合常用的方法操作集合。

程序代码及其运行结果如下:

```
>>>S = {1, 2, 3, 4, 5}      #创建集合
>>>S.add(7)      #将往集合 S 里添加元素 7
>>>S      #打印集合
{1, 2, 3, 4, 5, 7}
>>>S.update({10, 20})      #将一个集合添加到 S 中
>>>S
{1, 2, 3, 4, 5, 20, 7, 10}
>>>S.remove(5)      #删除元素
>>>S
{1, 2, 3, 4, 20, 7, 10}
>>>S.remove(5)      #删除元素, 若集合中没有该元素, 则报错
Traceback (most recent call last):
  File "<pyshell#12>", line 1, in <module>
    S.remove(5)
KeyError: 5
>>>S.discard(7)      #删除元素
>>>S
{1, 2, 3, 4, 20, 10}
>>>S.discard(7)      #删除元素, 若集合中没有该元素, 则没有任何反应
>>>S.pop()      #随机弹出元素
1
>>>S
{2, 3, 4, 20, 10}
>>>S.clear()      #清空集合
>>>S
set()
```

→ **本章小结** ....

本章介绍了 Python 中序列、列表、元组、字符串、字典、集合,以及这些常用的数据结构的特点、常用操作及方法。其主要内容如下:

(1)序列是 Python 中一种最基本的数据结构,它里面的每个元素都有一个与位置相关

的序号(索引)。根据序列里的元素是否有序,序列结构分为有序序列(包括列表、元组、字符串)和无序序列(包括字典和集合)。根据序列里的元素是否可以修改,序列结构分为可变序列(包括列表、字典、集合)和不可变序列(包括元组和字符串)。

(2)列表是有序的、可变的序列,里面的元素可以是不同的数据类型。

(3)元组和列表在外表上有些类似且都是有序序列,它们的主要区别是列表是可变的,而元组是不可变的。

(4)字符串是程序设计中最常用的数据类型之一,它属于不可变的有序序列,一经赋值,便不能对字符串对象进行元素的增、删、改操作。切片操作也只能访问其中的元素,无法使用切片修改字符串中的元素。

(5)字典是一种由键值对组成的映射类型,它是无序的可变序列。

(6)集合的概念与数学中的集合概念一样,它是一个无序的、可变序列,与字典一样使用一对大括号"{ }"将集合元素括起来,同一集合的元素之间不允许重复,集合中的每个元素都是唯一的。

练习题

1. 单选题

(1)如下的 Python 语句,其执行结果为(　　)。

```
>>>x = ['two', 'one', 'four', 'three']
>>>print(x[2:3])
```

A. ['one','four']　　　　　　　　　B. ['four','three']

C. ['four']　　　　　　　　　　　　D. 'four'

(2)如下的 Python 语句,其执行结果为(　　)。

```
>>>x = ['two', 'one', 'four', 'three']
>>>x.sort()
>>>print(x)
```

A. ['four','three','two','one']　　　B. ['three','four','one','two']

C. ['one','two','three','four']　　　D. ['four','one','three','two']

(3)如下的 Python 语句,其执行结果为(　　)。

```
>>>x = ['big', 'small', 'medium']
>>>x[1] = 'size'
>>>print(x)
```

A. ['size','big','small','medium']　　B. ['big','size','small','medium']

C. ['size','small','medium']　　　　D. ['big','size','medium']

(4)如下的 Python 语句,其执行结果为( )。

```
>>>x = ['big', 'small', 'medium', 'large']
>>>y = x.pop()
>>>print(y)
```

A. big   B. large

C. 不确定,可能是 4 个元素中的任意一个   D. 报错

(5)如下的 Python 语句,其执行结果为( )。

```
>>>x = ['big', 'small', 'medium', 'large']
>>>x.reverse()
>>>print(x)
```

A. ['large','big','medium','small']   B. ['large','medium','small','big']

C. ['small','medium','large','big']   D. ['big','large','medium','small']

(6)下列选项中,s[0:−1]表示的是( )。

A. s[−1]   B. s[:]   C. s[:len(s)−1]   D. s[0:len()]

(7)如下的 Python 语句,其执行结果是( )。

```
>>>str = ['2', '2', '3', '3', '2']
>>>search_str = '2'
>>>i = str.index(search_str)
>>>print(i)
```

A. 0   B. 1   C. 2   D. 3

(8)如下的 Python 语句,n 的值是( )。

```
>>>num = [[1,2,3,4,],[5,6,7,8]]
>>>n = num[1][1]
```

A. 1   B. 2   C. 5   D. 6

(9)下列哪一种方法或函数可用于元组对象( )。

A. pop()   B. insert()   C. len()   D. append()

(10)tuple(range(2,10,2))返回的结果是( )。

A. [2,4,6,8]   B. [2,4,6,8,10]

C. (2,4,6,8)   D. (2,4,6,8,10)

(11)给出下面代码:

```
a = input(' ').split(',')
x = 0
while x < len(a):
    print(a[x], end = ' ')
    x += 1
```

代码执行时,从键盘输入:Python 语言,是,脚本,语言,则代码的输出结果是(   )。

A. 执行代码出错 B. Python 语言,是,脚本,语言

C. Python 语言是脚本语言 D. 无输出

(12)执行以下代码,运行结果是(   )。

```
s = 'Happy birthday to you!'
print(s.split('a'))
```

A. ['H','ppy birthd','y to you!'] B. 'Happy birthday to you!'

C. 运行出错 D. ['Happy','birthday','to','you!']

(13)运行以下程序,输出结果是(   )。

print('love'. join(['Everyday','Yourself','Python']))

A. Everyday love Yourself B. Everyday love Python

C. love Yourself love Python D. Everyday love Yourself love Python

(14)执行以下程序,输入字符串'123Python456',输出结果是(   )。

```
s = input('请输入数字和字母构成的字符串:')
for x in s:
    if '0' < x < '9':
        continue
    else:
        s = s.replace(x, '')
print(s)
```

A. 123Python B. Python

C. 123456 D. 123Python456

(15)字符串函数 strip()的作用是(   )。

A. 按照指定字符分割字符串为数组 B. 连接两个字符串序列

C. 去掉字符串两侧空格或指定字符 D. 替换字符串中特定字符

(16)下面程序代码执行的结果是(   )。

```
a = 'Python 程序设计'
b = '='
c = '>'
print('{0:{1}{3}{2}}'.format(a, b, 20, c))
```

A. ========== Python 程序设计 B. Python 程序设计==========

C. >>>>>>>>>> Python 程序设计 D. Python 程序设计>>>>>>>>>>

(17)students 是一个字典对象,有如下的 for 循环:

```
>>>for f1, f2 in students.items():
    print(f1)
```

执行上述代码,显示的结果是(　　　)。

A. 字典的键　　　　B. 字典的值　　　　C. 键:值　　　　D. 字典

(18)下列 persons 是一个字典,有如下的 for 循环:

```
for f in persons:
  print(f)
```

执行上述代码,显示的结果是(　　　)。

A. 字典的键　　　　B. 字典的值　　　　C. 键:值　　　　D. 字典

(19)以下关于集合的说法,错误的是(　　　)。

A. 集合中的每个元素都是唯一的

B. 集合中的元素可以通过索引访问

C. 集合是无序可变序列

D. 在集合中添加重复值不会报错

(20)下列哪一种数据类型不能作为集合的元素是(　　　)。

A. 字典　　　　　　B. 元组　　　　　　C. 整数　　　　　　D. 字符串

(21)集合 A 是选修课程 A 的学生,集合 B 是选修课程 B 的学生,如果要查看同时选修课程 A 和课程 B 的学生,则可以使用的集合运算是(　　　)。

A. A&B　　　　　　B. A+B　　　　　　C. A−B　　　　　　D. A|B

2. 编程题

(1)有列表 L=['北京','上海','广州','重庆','杭州','武汉','南京'],编写程序完成以下功能:

①使用切片操作,输出列表 L 的前 3 个元素的值、输出列表第 2 到第 6 个元素的值、逆序输出列表第 5 到最后一个元素的值;

②向列表 L 追加元素'成都',并输出修改后的列表;

③在列表 L 的第 4 个位置插入元素'南昌',并输出修改后的列表;

④修改列表 L 第 3 个位置的元素为'长沙',并输出修改后的列表;

⑤删除列表 L 中的元素'重庆',并输出修改后的列表;

⑥删除列表 L 中的第 2 个元素,并输出删除的元素值及修改后的列表;

⑦查询并输出元素'杭州'的索引值;

⑧分别使用 for 循环和 while 循环输出列表的每个元素值;

⑨基于列表 L,利用列表推导式创建新的列表 L1,L1 中元素是由 L 中的元素加上编号组成。

(2)编写程序,判断输入的字符串是否为回文字符串。

(3)有字典 D={'浙江':'杭州','广东':'广州','湖北':'武汉','江苏':'南京'},编写程序完成以下功能：

　　①为字典添加键值对'安徽'∶'合肥'；

　　②获取字典 D 中的所有键，并转换成元组 key；

　　③获取字典 D 中的所有值，并转换成列表 value；

　　④把 key 和 value 合并成字典，以 key 中的元素为键，value 中的元素为对应的值；

　　⑤修改'广东'的值为'深圳'；

　　⑥用 for 循环遍历输出字典 D 中的所有元素。

（4）统计"Python 之禅"中各单词的词频。

The Zen of Python，by Tim Peters

Beautiful is better than ugly.

Explicit is better than implicit.

Simple is better than complex.

Complex is better than complicated.

Flat is better than nested.

Sparse is better than dense.

Readability counts.

Special cases aren't special enough to break the rules.

Although practicality beats purity.

Errors should never pass silently.

Unless explicitly silenced.

In the face of ambiguity，refuse the temptation to guess.

There should be one—and preferably only one—obvious way to do it.

Although that way may not be obvious at first unless you're Dutch.

Now is better than never.

Although never is often better than * right * now.

If the implementation is hard to explain，it's a bad idea.

If the implementation is easy to explain，it may be a good idea.

Namespaces are one honking great idea—let's do more of those!

第 5 章

函　数

　　函数是组织好的、可重复使用的、用来实现特定功能的代码段。在实际开发中,经常碰到若干代码的执行逻辑完全相同的情况,此时我们就可以考虑将这些代码抽象成一个函数。这样既可以提高代码的重用性,也使得条理变得更加清晰,可靠性更高。

　　在 Python 中,函数包括内置函数、标准库函数、第三方库函数和自定义函数。本章将介绍自定义函数的相关知识。

5.1　函数的定义和调用

　　Python 程序不像 C 语言那样需要入口 main() 函数才可以运行,对于一些简单的、小规模的程序,通常是不需要定义函数就可以实现所有功能。但当问题复杂性提高后,若把所有代码都写在一起,则其编码实现、阅读和维护将会变得非常困难。针对复杂问题的程序设计,一般的方法是先把问题分解为若干子问题,再将每个子问题编写成一个函数,以降低编程难度,提高程序的可读性、可重用性。

　　编写函数时,我们只需要明确指定函数名称、可接收的参数以及实现函数功能的程序语句,完成函数的编写后,可以通过函数名称调用该函数。对于函数的调用者来说,只需要知道如何传递正确的参数,以及函数将返回什么样的值,函数内部的复杂逻辑被封装起来,调用者无需了解。

　　在实际的程序设计过程中,很多操作是完全相同或非常相似的,可以由一段代码来实现。在需要这个功能的地方复制该代码段就可以实现功能的复制。但从程序设计的角度来看,直接复制代码段并不明智。大量的重复代码不仅会增加程序的代码行数,也会使程序的逻辑变得更加复杂。在面向过程的程序设计方法中,解决这个问题的一个有效的方法是设计函数。将可能需要反复执行的代码封装为函数,在需要执行该功能的地方调用该函数,可以实现代码的复用。应用函数的方法也可以保证代码的一致性,对函数的修改可以同时作用到所有调用该函数的位置。

5.1.1　函数的定义

在 Python 中,函数的使用需遵循先定义后使用的原则。函数定义的语法形式为:

```
def 函数名([形式参数列表]):
    '''注释'''
    函数体
```

从上面的定义语法中可看出,Python 中使用关键字 def 进行函数的定义,后面加空格后紧跟的是函数名和圆括号,在圆括号内是形式参数列表(简称形参),如果有多个参数,则用逗号隔开,圆括号后是一个冒号和换行,然后是必要的注释(可选)及函数体代码。

函数的定义,需要注意以下几点:

(1)函数名的命名规则同变量名的命名规则相同,取名时尽量做到见名知意;

(2)函数的形式参数不需要声明数据类型,也不需要指定函数返回值的数据类型;

(3)函数名后的圆括号必不可少,即使一个参数也没有;

(4)圆括号后的冒号也必不可少,它表示一个函数体的开始;

(5)函数体相对于 def 关键字必须保持一定的空格缩进。

例如,输出一个字符串的函数可以定义如下:

```
def printStr(x):     #函数的定义
    '''打印输出字符串 x'''     #注释
    print(x)  #函数体

printStr('Hello world!')     #函数的调用
print(printStr.__doc__)      #输出注释内容
```

注意:函数体前面的注释内容是可选项,但是如果给函数定义加上一段注释,就可以为用户提供友好的提示和使用帮助。在 Python 中,这个注释可以使用 print(函数名.doc)输出。

5.1.2　函数的返回值

函数可以处理一些数据,并返回一个或一组数据。函数返回的值称为返回值,上面的 printStr()函数的功能是输出一个字符串但没有返回值。如果想要让函数把值返回给主调函数,就需要在函数体内加上 return 语句,return 语句的使用语法形式为:

```
return 表达式
```

例如,求两数之和的函数可定义如下:

```
def Sum(x, y):
    return x + y

x = eval(input('请输入加数：'))
y = eval(input('请输入被加数：'))
s = Sum(x, y)
print('两数之和为：{}'.format(s))
```

一个函数体内可以有多条 return 语句，当函数体运行时，只要遇到 return 语句，函数立即终止执行，并把返回值传给调用方；函数体也可以没有 return 语句，则函数返回 None；return 后面可以返回多个值，这些值用逗号分隔，调用方得到的将是一个元组。

函数既然有值返回，就涉及返回值的数据类型问题。在 Python 中，在定义函数时不需要指定函数的返回值的数据类型，这由函数中的 return 语句决定，即函数的返回值数据类型由 return 语句返回值的数据类型决定。

5.1.3　函数的调用

函数定义后就可以调用。调用的一般语法形式为：

函数名([实际参数列表])

函数调用时括号中为实际参数列表（简称实参），如果有多个实参，则实参之间用逗号隔开。如果可以没有实参，调用的形式为"函数名()"，但是圆括号不能省略。调用时将实参一一传给形参，此时程序执行流程为：主调函数暂停执行，进而转移到被调用函数，调用函数执行结束后返回到主调函数之前暂停的位置继续执行。

【例 5.1】　打印输出 100 以内的所有素数。

对于这个问题，我们首先定义一个函数用于素数的判断，其次只需给这个函数传递要判断的数字，最后把判断的结果返回来。程序代码如下：

```
#例 5.1
#素数的判断

from math import sqrt

def isPrime(x):      #素数判断函数
    if x == 1:
        return False

    k = int(sqrt(x))
    for i in range(2, k+1):
        if x % i == 0:
            return False
```

```
    return True

if __name__ == '__main__':
    for n in range(1, 101):
        if isPrime(n):
            print(n, end='')
```

程序运行结果如下：

```
2 3 5 7 11 13 17 19 23 29 31 37 41 43 47 53 59 61 67 71 73 79 83 89 97
```

例 5.1 中使用了"if name=='main':"，这类似于 C 语言中的 main 主函数，即程序的入口。它的运行机理如下：在 cmd（命令行系统）中直接运行源程序文件（即". py"文件），先判断"name"的值是不是"main"，如果是（即该程序作为单一主体独立运行），则执行该语句后面的代码；如果不是［即该源程序作为模块被导入运行，此时"name"的值就不是"main"，而是导入模块（源程序的文件名）的名字］，则该语句后面的代码不被执行。这种做法使该程序在交互式运行时可以直接获得运行结果，而被当成模块使用时仅有该源程序中的那些函数部分可用，而主程序部分不起作用。

5.2　函数的参数

5.2.1　形参和实参

形参就是在函数定义时圆括号内的变量，它用来接收函数调用时的数据。形参不代表任何具体的值，只是在函数体内起到占位符的作用。

函数调用时，函数名后面圆括号内的参数是实际参数（简称实参），这是真实参与程序运行的数据。

形参和实参的名称既可以相同，也可以不相同。

在函数调用时，参数之间值的传递方向是从实参往形参单向传递。

5.2.2　参数类型

定义函数的时候，我们把参数的名字和位置确定下来，函数的接口定义就完成了。对于函数的调用者来说，只需要知道如何传递正确的参数，以及函数将返回什么样的值，函数内部的复杂逻辑被封装起来，调用者无需了解。

定义函数时不需要指定形参的数据类型，形参的数据类型完全由调用者传递的实参数据类型来决定。但是实参的传值方式及顺序，与定义形参的顺序有较大关系。同一个参数，由于传值方式的不同，因此有不同的叫法，主要有位置参数、默认参数、关键字参数和可变长参数。

1. 位置参数

使用函数时,如果函数中有必选参数,那么参数根据其位置来确定。调用函数时,实参默认按位置顺序传值给形参。调用时,参数的数量和顺序都必须一致,否则会出现问题。

【例 5.2】 使用位置参数定义一个函数(函数的功能:输出一个学生的姓名、学号和成绩),调用该函数时尝试给函数传递不同的参数,并分析运行结果。

程序代码如下:

```
#例5.2
def printGrade(name, stuID, grade):    #函数定义
    print('{0}({1})的成绩是{2}'.format(name, stuID, grade))

printGrade('张三', '001', 95)      #调用函数
printGrade('001', '张三', 95)
printGrade('张三', 95)
```

程序运行结果如下:

```
张三(001)的成绩是95
001(张三)的成绩是95
------------------------------------
TypeError                         Traceback (most recent call last)
Input In [2], in <cell line: 7>()
    5 printGrade('张三', '001', 95)      #调用函数
    6 printGrade('001', '张三', 95)
---->7 printGrade('张三', 95)

TypeError: printGrade() missing 1 required positional argument: 'grade'
```

在调用该函数时,要注意实参的位置,第一个必须是姓名,第二个必须是学号,最后一个必须是等级,如果实参的顺序乱了,则输出的结果也会乱。如果输入的实参数量与形参的数量不相符,那么将会报错。

2. 默认参数

Python 可以在定义函数时为形参设置默认值。在调用带有默认值参数的函数时,可以不为设置了默认值的形参进行传值,函数将直接使用函数定义时设置的默认值;如果在调用时给设置了默认值的形参传值时,则原默认值将无效。带有默认值参数的函数定义语法如下:

```
def 函数名(..., 形参名 = 默认值):
    函数体
```

【例 5.3】 定义一个计算圆面积的函数,圆周率 π 使用默认参数。尝试用不同的方式

来传递参数,并分析运行结果。

程序代码如下:

```
#例5.3
def area(r, PI = 3.1415926):     #函数定义
    return PI * r * r

print('π 使用默认参数计算的圆面积为: ', area(5))     #调用函数,省略了 PI 参数值,函
数计算将用默认值
print('π 使用实参计算的圆面积为: ', area(5, 3.14))     #调用函数,给 PI 参数传值,
函数计算将用实参的值
```

程序运行结果如下:

```
π 使用默认参数计算的圆面积为:78.539815
π 使用实参计算的圆面积为:78.5
```

注意:在定义含有默认参数的函数时,所有的默认参数必须出现在形参列表的最右边,否则会报错。例如:下面把非默认参数放在了默认参数的右边,程序运行时将会报错。

```
def area(PI = 3.1415926, r):     #函数定义
    return PI * r * r

print(area(5))
```

3. 关键字参数

在实际使用中,如果函数的参数比较多,则参数的出现顺序很容易记错。在 Python 中提供了关键字参数这一解决方案,即调用函数时实参使用"形参名=值"的形式来传递参数。使用关键字参数,我们在调用函数时可以按参数名来传递值,实参顺序可以与形参顺序不一致,但不影响参数值的传递结果,这样避免了要牢记参数位置和顺序的麻烦,使得函数的调用和参数传递更加灵活方便,并且调用时每个参数的含义更清晰。

【例5.4】 使用关键字参数调用例5.2中定义的函数。

程序代码如下:

```
#例5.4
def printGrade(name, stuID, grade):     #函数定义
    print('{0}({1})的成绩是{2}'.format(name, stuID, grade))

printGrade(stuID = '001', name = '张三', grade = 95)     #调用函数
```

程序运行结果如下:

```
张三(001)的成绩是 95
```

使用关键字参数有以下三个优点:一是参数按名称来确定,意义很明确;二是传递的参

数与具体的位置无关；三是如果有多个默认参数，则可以用关键字参数选择指定某个参数值，修改默认参数的值。

【例 5.5】 混合使用关键字参数和位置参数调用例 5.2 中定义的函数。

注意：位置参数必须在关键字参数前面，否则将报错。

程序代码如下：

```
#例 5.5
def printGrade(name, stuID, grade):    #函数定义
    print('{0}({1})的成绩是{2}'.format(name, stuID, grade))

printGrade('张三', stuID = '001', grade = 95)    #调用函数
printGrade(stuID = '001', name = '张三', 95)      #调用函数
```

程序运行结果如下：

```
张三(001)的成绩是 95
  Input In [10]
    printGrade(stuID = '001', name = '张三', 95)      #调用函数
                                           ^
SyntaxError: positional argument follows keyword argument
```

4. 可变长参数

一个形参只能接收一个实参的传值，但实际使用时，往往会有实参个数变化的情况，可变长参数可以解决该问题。可变长参数有两种形式：(1) * 参数名，用来接收任意多个实参，并将这些实参存放在一个元组中；(2) * * 参数名，用来接收类似关键字参数的显式赋值形式的多个实参，并将这些实参存放在一个字典中。

【例 5.6】 使用"* 参数名"方法定义一个能接收任意多个实参的函数。

程序代码如下：

```
#例 5.6
def demo(*args):    #函数定义
    print(args)

demo(1,2,3)      #函数调用
demo(1,2,3,4,5)
```

程序运行结果如下：

```
(1, 2, 3)
(1, 2, 3, 4, 5)
```

由上面的代码可知第一种可变长参数形式的用法，即无论调用该函数时传递了多少实参，一律将其放入元组中。

【例 5.7】 使用"＊＊参数名"方法定义一个能接收任意多个实参的函数。

程序代码如下：

```
#例5.7
def demo(**args):     #函数定义
    print(args)


demo(a = 1, b = 2, c = 3)     #函数调用
demo(stuID = '001', name = '张三', grade = 95)
```

程序运行结果如下：

```
{'a': 1, 'b': 2, 'c': 3}
{'stuID': '001', 'name': '张三', 'grade': 95}
```

由上面的代码可知第二种可变长参数形式的用法，即在调用该函数时自动将接收的参数转换为字典。

5.3　变量的作用域

变量的作用域是指程序代码能访问该变量的区域范围，如果超出该区域范围，访问该变量时就会出现异常。变量根据作用范围分为局部变量和全局变量。

在 Python 中，创建、改变和访问变量时，都是在一个保存变量名的空间中进行，称之为命名空间，也称作用域。Python 的作用域是静态的，在源代码中变量名被赋值的位置决定了该变量能被访问的范围，所以 Python 变量的作用域由变量在源代码中的位置决定。

在 Python 中并不是所有的语句块中都会产生作用域。只有当变量在 Module（模块）、Class（类）、def（函数）中定义时，才会有作用域的概念。我们只讨论与函数相关的变量作用域。

5.3.1　局部变量

局部变量是指在函数内部定义并使用的变量，它只在函数内部有效。即函数内部定义的变量拥有一个局部作用域，函数内部的变量名称只有在函数运行时才会创建，在函数运行之前或运行完毕，所有的局部变量名称都不存在。在函数外部使用函数内部定义的变量，就会抛出"NameError"异常。

不同函数内可以定义相同名字的局部变量，它们之间没有任何关系。

全局代码不能引用一个函数内部的局部变量。

【例 5.8】 局部变量使用示例。

程序代码如下：

```
#例 5.8
def test1():
    x = 100    #定义局部变量
    y = 300    #定义局部变量
    print('test1 中的变量 x 的值为：', x)    #调用局部变量
    print('test1 中的变量 x 的 id 值为：', id(x))    #调用局部变量
    print('变量 y 的值为：', y)    #调用局部变量

def test2():
    x = 200    #定义局部变量
    print('test2 中的变量 x 的值为：', x)    #调用局部变量
    print('test2 中的变量 x 的 id 值为：', id(x))    #调用局部变量
    #print('变量 y 的值为：', y)    #调用外部函数定义的局部变量，将报错

test1()
test2()
print('变量 x 的 id 值为：', id(x))    #全局代码不能引用一个函数内部的局部变量，将报
错
```

程序运行结果如下：

```
test1 中的变量 x 的值为：100
test1 中的变量 x 的 id 值为：1711789725136
变量 y 的值为：300
test2 中的变量 x 的值为：200
test2 中的变量 x 的 id 值为：1711789728400
----------------------------------------
NameError                          Traceback (most recent call last)
C:\Users\ADMINI~1\AppData\Local\Temp/ipykernel_11308/1263511856.py in
<module>
     15 test1()
     16 test2()
---> 17 print('变量 x 的 id 值为：', id(x))    #全局代码不能引用一个函数内部的局部
变量，将报错

NameError: name 'x' is not defined
```

5.3.2　全局变量

在函数外部定义且不属于任何函数的变量称为全局变量。全局变量可以在变量声明的位置开始(一般全局变量声明在程序的开头位置)到程序结尾的范围内访问。

在函数内部也可以声明与全局变量同名的局部变量，并且在函数内部修改局部变量的值，不会影响函数外部与之同名的全局变量值。

【例 5.9】 全局变量使用示例。

程序代码如下：

```
#例 5.9
x = 100    #定义全局变量
y = 300    #定义全局变量

def test(x):
    print('全局变量 x 的值为：', x)    #调用全局变量
    print('全局变量 y 的值为：', y)      #调用全局变量
    x = 200    #定义局部变量，并且该变量名与外面的全局变量同名
    print('局部变量 x 的值为：', x)

test(x)
print('当前变量 x 的值为：', x)
```

程序运行结果如下：

```
全局变量 x 的值为：100
全局变量 y 的值为：300
局部变量 x 的值为：200
当前变量 x 的值为：100
```

从上面的例子可知，修改局部变量的值，不会影响与局部变量同名的全局变量的值。

如果在函数内部修改一个在函数外部定义的变量值，就要在函数内部用 global 关键字来声明该变量是全局变量。

【**例 5.10**】 global 关键字使用示例。

程序代码如下：

```
#例 5.10
x = 100

def test():
    global x     #声明 x 为全局变量
    print('当前变量 x 调用的是全局变量，值为：', x)
    x = 120
    print('当前变量 x 的值为修改后的值：', x)

test()
print('上面代码执行完后，当前变量 x 的值为：', x)
```

程序运行结果如下：

```
当前变量 x 调用的是全局变量，值为：100
当前变量 x 的值为修改后的值：120
上面代码执行完后，当前变量 x 的值为：120
```

从上面的例子可以看出,在函数内部用 global 关键字声明变量为全局变量后,再在函数内部对该变量修改了值,则会影响函数外部的变量。

注意:虽然 Python 允许全局变量和局部变量同名,但是在实际使用时不建议这么做,这样容易让代码混乱,导致很难分清哪些是全局变量,哪些是局部变量。

5.4　lambda 表达式

lambda 表达式也称匿名函数,即无需函数名标识的函数,它的函数体只能是单个表达式。它一般用于需要一个函数但又不想定义该函数的场合。定义的语法形式为:

```
[函数名 = ] lambda 参数 1,参数 2,…,参数 n ：表达式
```

这里需要注意以下几点:

(1)函数名是可选项。如果没有函数名,就表示这是一个匿名函数。

(2)可以接收多个参数,但只能包含一个表达式。

(3)lambda 表达式相当于只有一条 return 语句的小函数,表达式的值作为函数的返回值。

【例 5.11】　分别用 def 和 lambda 方法来定义函数,用于实现对两数的求和。

程序代码如下:

```
#例 5.11
#def 方法
def add_def(x, y):
    return x + y

#lambda 方法
add_lambda = lambda x, y : x + y  #此处的 add_lambda 为函数名,与 def 定义的函
数名使用方法一样, 它包含的参数就是用 lambda 定义时的参数
print(add_def(10, 20))
print(add_lambda(100, 200))
```

程序运行结果如下:

```
30
300
```

lambda 表达式的应用有四种。

1. lambda 表达式当作实参传递给函数的参数

【例 5.12】　定义一个函数,能够接收 lambda 表达式当作参数,实现加、减、乘、除算术运算。

程序代码如下：

```
#例5.12
def test(x, y, func):
    print('x = ', x)
    print('y = ', y)
    print('运算结果为: ', func(x, y))

test(10, 20, lambda x, y : x + y)
print('-' * 30)
test(10, 20, lambda x, y : x - y)
print('-' * 30)
test(10, 20, lambda x, y : x * y)
print('-' * 30)
test(10, 20, lambda x, y : x / y)
```

程序运行结果如下：

```
x = 10
y = 20
运算结果为: 30
------------------
x = 10
y = 20
运算结果为: -10
------------------
x = 10
y = 20
运算结果为: 200
------------------
x = 10
y = 20
运算结果为: 0.5
```

2.将 lambda 表达式当作列表的排序方法 sort() 的 key 参数

此方法常用于对词频统计结果的排序。

【例 5.13】 有一张关于《三国演义》中人物的相关列表，请用 sort() 方法对列表中元素按不同的字段排序。

```
#例5.13
lis = [('孔明', 865, 10), ('曹操', 1348, 20), ('关羽', 557, 5), ('张飞', 300,
60), ('刘备', 1144, 1), ('吕布', 322, 200)]
lis.sort(key = lambda x : x[0])    #按名字升序排
print(lis)
print('-' * 80)
```

```
lis.sort(key = lambda x : x[2])        #按数字升序排
print(lis)
print('-' * 80)
lis.sort(key = lambda x : x[1], reverse = True)     #按数字降序排
print(lis)
```

程序运行结果如下：

```
[('关羽', 557, 5), ('刘备', 1144, 1), ('吕布', 322, 200), ('孔明', 865, 10), ('张飞',
300, 60), ('曹操', 1348, 20)]
--------------------------------------------------------------------------------
[('刘备', 1144, 1), ('关羽', 557, 5), ('孔明', 865, 10), ('曹操', 1348, 20), ('张飞',
300, 60), ('吕布', 322, 200)]
--------------------------------------------------------------------------------
[('曹操', 1348, 20), ('刘备', 1144, 1), ('孔明', 865, 10), ('关羽', 557, 5), ('吕布',
322, 200), ('张飞', 300, 60)]
```

3. lambda 表达式与 map()函数结合使用

Python 中的 map()函数会根据提供的函数对指定的序列做映射,例如:map(func,lis)的功能是将参数 func(此参数为函数)作用到参数 lis 的每个元素中,并将结果组成新的迭代器返回。map()函数的使用语法形式为:

```
map(func, iterables)
```

参数说明：

(1)func 参数为一个函数,可以是内置函数、自定义函数,还可以是 lambda 表达式；

(2)iterables 参数是一个可迭代对象,如列表、元组、字符串等。

【例 5.14】　利用 map()函数将列表[1,2,3,4,5]中的每个元素求平方。

```
#例 5.14
lis = list(range(1,6))

def func(x):
    return x * x

print('用 def 定义的函数完成：')
print(map(func, lis))
print(list(map(func, lis)))
print('-' * 30)
print('用 lambda 表达式完成：')
print(map(lambda x : x * x, lis))
print(list(map(lambda x : x * x, lis)))
```

程序运行结果如下：

```
用 def 定义的函数完成：
<map object at 0x0000025A1C3D9E50>
[1, 4, 9, 16, 25]
-----------------------
用 lambda 表达式完成：
<map object at 0x0000025A1C3A3FA0>
[1, 4, 9, 16, 25]
```

4. lambda 表达式与 filter()函数结合使用

filter()函数会对指定的序列执行过滤操作，其使用语法形式为：

```
filter(func, iterable)
```

参数说明：

（1）func 参数属于判断函数，可以是函数或 None，如果为函数，则它只接收一个参数，并且该函数的返回值为布尔值；

（2）iterable 参数是一个可迭代对象，如列表、元组、字符串等。

函数的功能是将可迭代对象的每个元素利用判断函数过滤，将满足条件的元素组成一个新的迭代器返回。

【例 5.15】 利用 filter()函数将列表[1,2,3,4,5,6,7,8]中的奇数删除，保留偶数。

```
#例 5.15
lis = list(range(1, 9))

def func(x):
    return x % 2 == 0

print('用 def 定义的函数完成：')
print(filter(func,lis))
print(list(filter(func,lis)))
print('-'*30)
print('用 lambda 表达式完成：')
print(filter(lambda x : x % 2 == 0, lis))
print(list(filter(lambda x : x %2== 0, lis)))
```

程序运行结果如下：

```
用 def 定义的函数完成：
<filter object at 0x0000020D3ED52070>
[2, 4, 6, 8]
******************************
用 lambda 表达式完成：
<filter object at 0x0000020D3EE13DC0>
[2, 4, 6, 8]
```

【例 5.16】　利用 filter() 函数将列表中的空字符串和 None 删除。

```
#例5.16
lis = [' test', None, '', 'Python', ' ', 'Java']

def func(x):
    return x and len(x.strip())>0

print('用def定义的函数完成：')
print(filter(func, lis))
print(list(filter(func, lis)))
print('-' * 30)
print('用lambda表达式完成：')
print(filter(lambda x : x and len(x.strip()) > 0, lis))
print(list(filter(lambda x : x and len(x.strip()) > 0, lis)))
```

程序运行结果如下：

```
用def定义的函数完成：
<filter object at 0x0000018E935AFAF0>
['test','Python','Java']
------------------------
用lambda表达式完成：
<filter object at 0x0000018E9356C430>
['test','Python','Java']
```

5.5　递归函数

函数定义后就可以被调用，函数之间可以相互调用。比如 A 函数调用了 B 函数，B 函数又调用了 C 函数，这种调用被称为函数的嵌套调用。但还有一种特殊的调用情况，即在函数内部直接或间接调用了自己，这种调用情况被称为递归调用，这个函数也被称为递归函数。

使用递归函数的优点是：只需少量的代码就可以描述多次重复计算的解题过程问题，即可以大幅减少程序的代码量。

使用递归函数的缺点是：递归算法解题的运行效率较低。因为递归函数每次调用时系统都为函数的局部变量（包括形参）分配本次调用的存储空间，直到本次调用结束返回主调程序时才释放。在递归调用的过程当中，系统为每一层的返回点、局部量等开辟了栈来存储。在使用递归函数时要大量地进行压栈和出栈操作，而且递归次数过多容易造成栈溢出。

使用递归时必须包括如下两个基本要素：

(1)终止条件，即确定递归到何时终止，也称递归出口；

(2)递归步骤，即把大问题分解成小问题，而且小问题可以收敛到终止条件。

【例 5.17】 利用递归函数计算整数 n 的阶乘，n! ＝1 * 2 * 3 * ... * n。

分析：我们用函数 fact(n)表示递归的求解，而 n! ＝n * (n-1)!，即 fact(n)＝n * fact(n-1)，所以可以把大问题分解成小问题，最后到 n=1 时，阶乘的值已经确定，随即递归步骤结束。但是，递归结束后要回溯才能求解 n 的阶乘值，即 1 的阶乘值返回给 2!，求得 2 的阶乘值再返回给 3!，以此类推求得 n!。依据以上思路，使用递归完成 n 的阶乘，程序代码如下：

```
#例5.17
def fact(n):
    if n == 1:
        return 1
    else:
        return n * fact(n-1)

if __name__ == '__main__':
    N = eval(input('请输入要求解的阶乘值N: '))
    res = fact(N)
    print('{}! = {}'.format(N, res))
```

程序运行结果如下：

```
请输入要求解的阶乘值N: 4
4! = 24
```

➜ 本章小结

本章介绍了 Python 中自定义函数的定义及其使用，其主要内容如下：

(1)函数能够提高应用程序的模块性和代码的重复利用率。

(2)在 Python 中函数的使用应遵循"先定义后使用"的原则。定义函数时通常需要指定若干形参；调用函数时需要通过实参传递数据，Python 解释器会根据实参的数据类型自动推断形参的类型；函数可以通过 return 语句传回一个或多个返回值。

(3)传递参数时，既可以使用位置参数，也可以使用关键字参数。前者要求实参和形参的顺序必须严格一致，实参和形参的数量必须相同；后者可以按形参名称赋值，参数的顺序可以与函数定义中的不一致。

(4)定义函数时可以为参数设置默认值，默认值参数必须出现在形参表的最后。调用函数时，如果没有传值，则函数会直接使用该参数的默认值。

（5）调用函数时，如果需要传递不同数目的参数，则可以在函数定义中使用可变长参数。

（6）变量作用域规定了变量起作用的代码范围。通常，在函数体中使用的变量为局部变量，在函数体外使用的变量为全局变量。我们通过 global 关键字可以在函数内定义或者使用全局变量。

（7）lambda 表达式相当于只有一条 return 语句的函数，通常声明为匿名函数，作为另一个函数的参数。

（8）递归调用是函数调用自身的一种特殊应用。使用递归时必须包括如下两个基本要素：递归终止的条件、递归步骤。

1. 单选题

（1）以下关于函数的描述，不正确的选项是（　　）。

A. 使用函数可以降低编程复杂度　　　　B. 提高程序的运行速度

C. 实现代码的重复使用　　　　　　　　D. 增强代码的可读性

（2）关于函数定义的说法，不正确的选项是（　　）。

A. 用户可以根据需要自行定义函数

B. 函数就像一个"黑盒子"，用户不需要了解其内部原理，需要的时候能够正确使用就行

C. 用户自定义函数时，需要声明返回值类型

D. 针对较大的项目，可以把大任务分解成小任务，每个小任务又拆分成能完成某个独立功能的函数

（3）下面关于函数定义的说法正确的选项是（　　）。

A. 定义函数时，如果该函数不需要返回值，则可以在自定义的函数名后面省略一对小括号

B. 函数的参数可以不用指定类型，其个数可以是零个，也可以是一个或更多

C. 定义的函数如果存在多个参数，则各参数之间用一个空格分隔

D. 定义函数时，存放参数括号后面的冒号"："可以缺省

（4）以下说法不正确的选项是（　　）。

A. return 语句可有可无，可以在函数体任意位置出现

B. return 语句表示函数执行到此结束

C. 如果函数没有 return 语句，则函数返回值为 None

D. return 语句只能返回一个值

（5）以下说法正确的选项是（　　）。

A. 用户自定义的函数功能不能与系统已经设定的某些函数功能雷同

B. 函数定义后只有被调用才能令其发挥作用

C. 函数被调用时传递的参数叫作形式参数

D. 如果是无参数函数，则调用时实参也需要说明或指定

（6）以下说法不正确的选项是（　　）。

A. 实参个数多于 1 个，各参数之间用"，"分隔

B. 如果是无参数函数，则调用时实参不需要指定，但是"（）"不能缺少

C. 实参与形参在个数、类型、顺序上必须一一对应

D. 实参可以是变量、常量，但不能是未经计算的表达式

（7）以下说法不正确的选项是（　　）。

A. lambda 函数又称匿名函数，它的函数体可以包含多个表达式

B. lambda 函数是一种特殊函数，常用在临时需要一个类似函数功能但不想定义函数的场合

C. lambda 函数只能使用保留字 lambda 来定义

D. 可将 lambda 函数名作为函数结果返回

（8）关于形参和实参的描述，以下选项正确的是（　　）。

A. 函数定义中的参数列表里面的参数是实际参数，简称实参

B. 参数列表中给出要传入函数内部的参数，这类参数称为形式参数，简称形参

C. 程序在调用时，将实参复制给函数的形参

D. 程序在调用时，将形参复制给函数的实参

（9）以下关于变量的作用域，描述不正确的选项是（　　）。

A. 不同作用域两个变量的名字尽量不要相同，否则容易出错

B. 变量作用域分为全局变量和局部变量两种

C. 每个函数定义的变量只能在一定范围内起作用

D. 无论是局部变量还是全局变量，其作用域范围都是从定义的位置开始的

（10）以下选项描述不正确的是（　　）。

A. 全局变量一般没有缩进

B. 全局变量在程序执行的全过程有效

C. 局部变量是指在函数内部使用的变量，当函数退出时，变量依然存在，下次函数调用可以继续使用

D. 使用 global 保留字声明简单数据类型变量后，该变量可以等同于全局变量被用户使用

（11）以下关于递归的描述错误的是（　　）。

A. 计算机领域中的递归与数学领域的递归原理相通

B. 递归算法简单、易懂、易编写,执行效率也高

C. 函数可以被其他函数调用,也可以被自身调用

D. 递归程序都可以有非递归编写方法

(12)针对下面代码,以下选项正确的是(　　)。

```
def a(x,y=0,z=0):
    pass
```

A. a(2,x=3,z=4)　　　　　　　B. a(x=2,3)

C. a(x=2,y=3,z=4)　　　　　　D. a(1,y=2,x=3)

2. 编程题

(1)设计一个求解两数的最大公约数函数 gcd(),并调用该函数,求解任意两数的最大公约数并输出结果。

(2)编写一个函数判断一个数是否为素数,并通过调用该函数求出所有三位数的素数。

(3)编写递归函数,求斐波那契数列第 n 项的值,其中:$F_0=1$,$F_1=1$,$F_n=F_{n-1}+F_{n-2}$。

文件与目录

在程序设计中,运行程序时要用到数据,运行结束后也将产生新的数据。而程序运行所需的数据一般通过键盘输入,运行得到的数据直接输出到显示终端,一旦程序运行结束,所有数据就会消失。为了长期保存数据以便重复使用、修改,必须将数据以文件的形式存储到存储介质中。本章将介绍 Python 中文件和目录的使用方法。

6.1 文件概述

文件是一个存储在辅助存储器上的数据序列,可以包含任何数据内容。因此,我们可以认为文件就是数据的集合和抽象,用文件形式组织和表达数据更加有效、灵活。

按文件中数据的组织形式,文件可划分为文本文件和二进制文件。

1.文本文件

文本文件可以看作存储在磁盘上的长字符串,包含英文字母、汉字、数字等,大部分的文本文件都可以通过文本编辑软件或文字处理软件创建、修改和阅读,它们有统一的编码,如 UTF-8 编码。txt 格式的文本文件最常见。

2.二进制文件

二进制文件由 0、1 组成,没有统一的字符编码,文件内部数据的组织格式与文件用途有关。它无法用记事本或其他普通文本处理软件直接编辑。常见的如图片文件、音频文件、可执行文件、数据库文件等,都属于二进制文件。

二进制文件和文本文件最主要的区别在于是否有统一的字符编码,二进制文件由于没有统一的字符编码,只能被当作字节流,而不能看作字符串。

无论是文本文件还是二进制文件,都可以按以下的流程操作:

(1)打开文件并创建文件对象;

(2)通过该文件对象,对文件内容进行读、写、修改等操作;

(3)关闭并保存文件。

6.2　文件的打开与关闭

6.2.1　打开文件

Python 中使用内置函数 open()打开文件,当 open()函数成功打开文件后会返回一个文件对象。open()函数的语法形式为:

```
file_obj = open(file, mode='r', buffering=-1, encoding=None, errors=None,
newline=None, closefd=True, opener=None)
```

这些参数,除了 file 是必选参数,其他都是可选参数。这里只介绍两个常用的参数 file 和 mode。

(1)file:包含了要打开的文件名字的字符串,它可以是文件实际名字,也可以是包含完整路径的名字。

(2)mode:用于设置文件的打开模式,该参数的取值有:r、w、a、b、+,这些字符代表的含义分别如下:

①r:以只读方式打开文件,为 mode 参数的默认方式;

②w:以只写方式打开文件;

③a:以追加方式打开文件;

④b:以二进制形式打开文件;

⑤+:以更新的方式打开文件(可读可写)。

需要说明的是,用于设置文件打开模式的字符可以搭配使用。常用的文件打开模式如表 6—1 所示。

表 6—1　　　　　　　　　　　　　　　　文件的打开模式

打开模式	含　义	说　明
r/rb	只读模式	以只读的形式打开文本文件/二进制文件,如果文件不存在,则返回异常
w/wb	只写模式	以只写的形式打开文本文件/二进制文件,如果文件已经存在,则清空文件;如果文件不存在,则创建文件
a/ab	追加模式	以只写的形式打开文本文件/二进制文件,只允许在该文件末尾追加数据,如果文件不存在,则创建文件
r+/rb+	读取(更新)模式	以读/写的形式打开文本文件/二进制文件,必须打开已经存在的文件,并且文件的读写从文件头部开始,如果文件不存在,则返回异常

打开模式	含　义	说　明
w+/wb+	写入(更新)模式	以读/写的形式打开文本文件/二进制文件,如果文件已经存在,则清空文件;如果文件不存在,则创建文件,注意文件读写的内容都是打开文件后新写入的内容
a+/ab+	追加(更新)模式	以读/写的形式打开文本文件/二进制文件,只允许在该文件末尾追加数据;如果文件不存在,则创建文件,注意文件的读写从文件尾部开始

【例 6.1】 用 open()函数采用多种打开模式打开当前目录的 demo.txt 文件。

程序代码如下:

```
#例6.1
f = open('demo.txt','rt')     #以只读的模式打开文本文件,如果打开的文件在当前目录,
则file只需文件名即可
f = open('demo.txt')     #如果mode参数省略,则默认以只读模式打开文本文件
f = open(r'D: \code\data \demo.txt', 'w')     #如果打开的文件不在当前目录,则
file参数需要写出完整的路径,此处的路径是原生字符串,打开模式为写模式
f = open('D: \\code\\data \\demo.txt','w')     #此处路径分隔符用转义字符
```

当打开一个二进制文件,如图片、视频、音频文件时,一般需要使用'rb'("二进制只读"模式)。例如,打开当前路径下一个名为"picture.jpg"的图片文件,可以使用如下代码:

```
f = open('picture.jpg','rb')
```

6.2.2　关闭文件

文件使用结束后,要用 close()方法关闭,目的是释放文件的使用权限。使用语法形式为:

```
文件对象名.close()
```

实际上,根据 Python 的内存回收机制,即使没有调用 close()方法,系统也会自动关闭文件。但是,我们还是要养成调用 close()方法主动关闭文件的习惯。例如关闭上一节中打开的文件代码如下:

```
f.close()
```

6.2.3　使用 with 语句打开文件

打开一个文件并经过相应的操作后,我们要及时使用 close()方法关闭文件,如果每次都按照如上方法去写,实在太烦琐。Python 引入了 with 语句来自动调用 close()方法,即with()语句保证了打开的文件都能及时地关闭。其使用的语法形式为:

```
with open(file, mode='r', buffering=-1, encoding=None, errors=None,
newline=None, closefd=True, opener=None) as f:
    #此处为对文件对象 f 操作的相关代码
```

6.3　文件的读写

当文件被打开后,根据打开模式不同可以对文件进行相应的读写操作。注意:当文件以文本文件方式打开时,按照字符串方式读写;当文件以二进制文件方式打开时,按照字节流方式读写。

6.3.1　文件的读取

Python 中用于读取文件的方法主要有:read()、readline()、readlines()。

1. read()方法

Python 中使用文件对象的 read()方法从文件中读取指定大小的数据。其使用的语法形式为:

```
s = f.read(size)
```

其中,f 为读模式(或添加了"+"的模式)打开的文件对象,它可以是文本文件,也可以是二进制文件。size 为从文件的当前读写位置读取指定的字节数,若 size 为负数或空,则读取到文件结束。

read()方法返回读取到的指定的文件内容,若是文本文件,则返回字符串;若是二进制文件,则返回字节流。

【例 6.2】　假设"D:\code\data"路径中已有文本文件"二十大报告(摘录).txt",利用 read()方法读取文件内容并打印输出。

程序代码如下:

```
#例 6.2
f = open(r'd:\code\data\二十大报告(摘录).txt', 'r',encoding='utf-8')

s1 = f.read(14)        #读取 14 个字节的内容
s2 = f.read()          #读取文件剩余的内容

print('读取 14 个字节的内容: \n', s1)

print('读取文件剩余的内容: \n', s2)

f.close()
```

程序运行结果如下：

```
读取14个字节的内容：
  高举中国特色社会主义伟大旗帜
读取文件剩余的内容：

为全面建设社会主义现代化国家而团结奋斗
——在中国共产党第二十次全国代表大会上的报告
（2022 年 10 月 16 日）
习近平

中国共产党第二十次全国代表大会，是在全党全国各族人民迈上全面建设社会主义现代化国家新征程、
向第二个百年奋斗目标进军的关键时刻召开的一次十分重要的大会。
大会的主题是：高举中国特色社会主义伟大旗帜，全面贯彻新时代中国特色社会主义思想，弘扬伟大建
党精神，自信自强、守正创新，踔厉奋发、勇毅前行，为全面建设社会主义现代化国家、全面推进中华
民族伟大复兴而团结奋斗。
中国共产党已走过百年奋斗历程。我们党立志于中华民族千秋伟业，致力于人类和平与发展崇高事业，
责任无比重大，使命无上光荣。全党同志务必不忘初心、牢记使命，务必谦虚谨慎、艰苦奋斗，务必敢
于斗争、善于斗争，坚定历史自信，增强历史主动，谱写新时代中国特色社会主义更加绚丽的华章。
青年强，则国家强。当代中国青年生逢其时，施展才干的舞台无比广阔，实现梦想的前景无比光明。全
党要把青年工作作为战略性工作来抓，用党的科学理论武装青年，用党的初心使命感召青年，做青年朋
友的知心人、青年工作的热心人、青年群众的引路人。广大青年要坚定不移听党话、跟党走，怀抱梦想
又脚踏实地，敢想敢为又善作善成，立志做有理想、敢担当、能吃苦、肯奋斗的新时代好青年，让青春
在全面建设社会主义现代化国家的火热实践中绽放绚丽之花。
同志们！党用伟大奋斗创造了百年伟业，也一定能用新的伟大奋斗创造新的伟业。全党全军全国各族人
民要紧密团结在党中央周围，牢记空谈误国、实干兴邦，坚定信心、同心同德，埋头苦干、奋勇前进，
为全面建设社会主义现代化国家、全面推进中华民族伟大复兴而团结奋斗！
```

2. readline()方法

Python 中使用文件对象的 readline()方法从文件中读取一行数据，多用于文本文件。其使用的语法形式为：

```
s = f.readline(size = -1)
```

其中，f 为读模式（或添加了"＋"的模式）打开的文件对象；size 为从文件的当前读写位置读取本行内指定的字节数，若 size 为缺省值或大小已超过从当前读写位置到本行末所有字符长度，则读取到本行结束，包括"\n"在内。

readline()方法返回读取到的字符串内容。

【**例 6.3**】 假设"D:\code\data"路径中已有文本文件"二十大报告（摘录）．txt"，利用 readline()方法读取文件内容并打印输出。

程序代码如下：

```
#例 6.3
f = open(r'd:\code\data\二十大报告(摘录).txt', 'r',encoding='utf-8')

s1 = f.readline(5)      #读取当前行 5 个字节的内容
s2 = f.readline()       #从当前的位置读取当前行的内容
s2 = f.readline(40)     #40 大于第 2 行的字符数量，所以只读取第 2 行的内容

print('读取当前行 5 个字节的内容：\n', s1)

print('从当前的位置读取当前行的内容：\n', s2)

print('读取第 2 行的内容：\n', s3)

f.close()
```

程序运行结果如下：

```
读取当前行 5 个字节的内容：
    高举中国特
从当前的位置读取当前行的内容：
    色社会主义伟大旗帜
读取第2行的内容：
    为全面建设社会主义现代化国家而团结奋斗
```

3. readlines()方法

Python 中使用文件对象的 readlines()方法从文件中读取多行数据，多用于文本文件。其使用的语法形式为：

```
s = f.readlines(hint = -1)
```

其中，hint 为从当前读写位置开始需要至少读出的字节数，若是文本文件，则是字符数。由于 readlines()方法是以行为单位读取的，因此根据 hint 的值与文件中的内容，可以得出需要读出多少行数据。若 hint 为缺省值或其他负数值，则读出从当前读写位置开始到文件末尾的所有行。

readlines()方法返回从文件中读出的行组成的列表，每行都包括"\n"。

【例 6.4】 假设"D:\code\data"路径中已有文本文件"二十大报告（全文）.txt"，利用 readlines()方法读取文件内容并打印输出。

程序代码如下：

```
#例 6.4
f = open(r'd:\code\data\二十大报告(全文).txt', 'r',encoding='utf-8')

s1 = f.readlines(5)     #因为 5 小于第 1 行所包含的字符数，所以读取第 1 行的内容
```

```
    s2 = f.readlines(35)    #因为 35 大于第 2 行所包含的字符数, 小于第2、3 两行的字符数,
所以读取第 2、3 两行的内容

    print('因为 5 小于第 1 行所包含的字符数, 所以读取第 1 行的内容: \n', s1)
    print('因为 35 大于第 2 行所包含的字符数, 小于第2、3 两行的字符数, 所以读取第 2、3 两行的
内容: \n', s2)

    f.close()
```

程序运行结果如下:

```
因为 5 小于第 1 行所包含的字符数, 所以读取第 1 行的内容:
 ['高举中国特色社会主义伟大旗帜\n']
因为 35 大于第 2 行所包含的字符数, 小于第2、3 两行的字符数, 所以读取第 2、3 两行的内容:
 ['为全面建设社会主义现代化国家而奋斗\n', '——在中国共产党第二十次全国代表大会上的报告\n']
```

6.3.2　文件的写入

Python 中用于写入文件的方法主要有: write()、writelines()。

1. write()方法

Python 中使用文件对象的 write()方法向文件中写入数据。其使用的语法形式为:

```
f.write(s)
```

其中, f 为写模式或追加模式(或添加了"＋"的模式)打开的文件对象, 它可以是文本文件, 也可以是二进制文件。s 为向文件的当前读写位置写入的内容, 若是文本文件, 则写入字符串; 若是二进制文件, 则写入字节对象(字节流)。

write()方法返回写入的字符数或字节数。

【例 6.5】　以"w"模式打开"D:\code\data"路径中的文本文件"write_file. txt", 利用 write()方法往文件内写入"Hello world!"和"Hello Python!"两行内容, 写入之后读取写入的内容并打印输出。

程序代码如下:

```
#例6.5
f = open(r'd:\code\data\write_file.txt', 'w')

f.write('Hello world!\n')     #往文件内写入一行内容
f.write('Hello Python!')      #往文件内写入一行内容

f.close()

f = open(r'd:\code\data\write_file.txt', 'r')

s = f.readlines()

print('读取写入的内容：\n', s)

f.close()
```

程序运行结果如下：

```
读取写入的内容：
 ['Hello world!\n', 'Hello Python!']
```

2. writelines()方法

Python 中使用文件对象的 writelines()方法向文件中写入列表数据，多用于文本文件。其使用的语法形式为：

```
f.writelines(lines)
```

其中，lines 为列表，若需要换行，则需要在列表元素中添加换行符。

【例 6.6】　以"w"模式打开"D:\code\data"路径中的文本文件"writelines_file. txt"，利用 writelines()方法往文件内写入多行内容，写入之后读取写入的内容并打印输出。

程序代码如下：

```
#例6.6
lines = ['Beautiful is better than ugly.\n',
        'Explicit is better than implicit.\n',
        'Simple is better than complex.\n',
        'Complex is better than complicated.\n'] #写入文件的内容

f = open(r'd:\code\data\writelines_file.txt', 'w')
f.writelines(lines)        #往文件内写入多行内容
f.close()

f = open(r'd:\code\data\writelines_file.txt', 'r')
s = f.readlines()
print('读取写入的内容：\n', s)
f.close()
```

Python程序设计与数据分析基础

程序运行结果如下：

```
读取写入的内容：
['Beautiful is better than ugly.\n', 'Explicit is better than implicit.\n',
'Simple is better than complex.\n', 'Complex is better than complicated.\n']
```

6.3.3 文件的定位

之前的例子都是按从头到尾的顺序读写文件，读写完毕，文件当前读写位置将顺序移动。除此以外，在 Python 中也提供了可以随机访问文件的方法，即在文件中随意地移动当前读写位置。

1. seek()方法

Python 中使用文件对象的 seek()方法定位到文件的指定读写位置。其使用的语法形式为：

```
f.seek(offset[,whence = 0])
```

其中，f 打开的文件必须允许随机访问；offset 为所指示位置的字节偏移量；whence 为可选参数，表示所指示的位置，默认值为 0，其取值可以是以下几种情况：

（1）0：相对于文件开始位置；

（2）1：相对于当前文件读写位置；

（3）2：相对于文件末尾。

seek()方法的返回值为当前的读写位置。

2. tell()方法

Python 中使用文件对象的 tell()方法返回文件的当前读写位置。其使用的语法形式为：

```
f.tell()
```

【例 6.7】 文件定位示例。

程序代码及运行结果如下：

```
#例6.7
>>> f = open(r'd:\code\data\seek_tell_file.txt','w+')    #以读写模式打开或新
建文件
>>> f.write('Hello World!')    #写入"Hello World!"字符串，返回写入字符数
12
>>> print(f.tell())    #获取当前的读写位置
12
>>> f.seek(0,0)    #返回到文本文件的起始位置
0
>>> f.tell()    #获取当前的读写位置
0
```

```
>>> print(f.read(5))     #读取 5 个字符
Hello
>>> f.tell()      #获取当前的读写位置
5
>>> fp.close()      #关闭打开的文件
```

【例 6.8】　在"d:\code\data"路径下创建文件 stu_name.txt,用来存放学生姓名,每行对应一个名字。修改文件,在每行的前面添加一个序号(序号以 1 开始),并将修改结果存入另一个文件 new_stu_name.txt。

注意:如果写入的名字是中文,则读写文件时要指定打开文件的编码方式为 UTF-8。

程序代码如下:

```
#例 6.8
names = ['曹操\n', '刘备\n', '关羽\n', '张飞\n', '赵云\n']

#以写的模式打开文件，并把名字分多行写入文件中
with open(r'd:\code\data\stu_name.txt','w',encoding='utf-8')as fw:
    fw.writelines(names)

#以读的模式打开文件，并读取文件的多行内容
with open(r'd:\code\data\stu_name.txt','r',encoding='utf-8')as fr:
    names = fr.readlines()
    print(names)

#修改读取的文件内容，即给每个名字添加编号 [可用 enumerate()函数]
for i, name in enumerate(names):
    names[i] = str(i+1) + '' + name

#修改的结果存入新文件
with open(r'd:\code\data\new_stu_name.txt','w',encoding ='utf-8') as fw:
    fw.writelines(names)
```

6.4　csv 文件操作

逗号分隔值(comma-separated values,csv)是一种以逗号作为分隔符的纯文本文件,一般用于存储表格形式的数据(数字或字符串)。每行具有相同的列数,各列之间默认用逗号分隔。csv 文件可以用 excel 打开查看,也可以用任何文本编辑器打开。

在 Python 中,提供了 csv 标准库,通过 csv 模块的 reader()函数和 writer()函数可以创建用于读写 csv 文件的对象,方便访问 csv 文件。

reader()函数使用的语法形式为：

```
csv_reader = csv.reader(iterable)
```

功能：根据可迭代对象 iterable（如文件对象或列表）创建并返回一个用于读操作的 csv 文件对象 csv_reader。csv_reader 文件对象每次可以迭代 csv 文件中的一行，并将该行中的各列数据以字符串的形式存入列表后再返回该列表。

writer()函数使用的语法形式为：

```
csv_writer = csv.writer(fileobj)
```

功能：根据文件对象 fileobj 创建并返回一个用于写操作的 csv 文件对象 csv_writer。然后调用 csv_writer 文件对象的 writerow()方法或 writerows()方法可以将一行或多行数据写入 csv 文件。

【例 6.9】 将列表中的学生成绩信息写入"d：\code\data"路径下的文件 stu_info. csv，然后读取文件内容。

程序代码如下：

```
#例6.9
import csv

data = [['学号', '姓名', '高等数学', '程序设计', '离散数学'],
        ['001', '毛莉', '75', '85', '80'],
        ['002', '杨青', '68', '75', '66'],
        ['003', '陈小鹰', '58', '69', '70'],
        ['004', '陆东兵', '95', '75', '88'],
        ['005', '闻亚东', '84', '87', '89'],
]

with open(r'd:\code\data\stu_info.csv', 'w', newline='') as f:
    '''
    步骤：(1)先以写方式打开文件；(2)创建csv文件对象；(3)往csv文件对象写入内容。open()
函数中的 newline 参数用于控制通用换行模式，默认是 None，还可以是""""\n""\r""\r\n"
此处用"""表示禁用通用换行符，否则会在每行内容的后面插入一个空行。
    '''
    csv_writer = csv.writer(f)          #创建一个用于写操作的"csv"文件对象
    #csv_writer.writerows(data)         #按多行写入文件
    for row in data:        #按每次写一行写入文件
        csv_writer.writerow(row)

with open(r'd:\code\data\stu_info.csv', 'r', newline='') as f:
    '''
    步骤：(1)以读方式打开文件；(2)创建 csv 文件对象；(3)利用循环以行为单位逐条读取 csv
文件对象中的内容
    '''
```

```
csv_reader = csv.reader(f)    #创建一个用于读操作的 csv 文件对象
for row in csv_reader:    #逐行读取 csv 文件对象的内容
    print(row)
```

6.5　目录常用操作

在 Python 中,内置了 os 模块,该模块不仅提供了使用操作系统的相关方法,还提供了大量文件与目录操作的方法,本节主要介绍目录的相关操作方法。表 6－2 列出 os 模块中目录操作的常用方法。

表 6－2　　　　　　　　　　　　　目录操作的常用方法

函数名	功　能
getcwd()	返回当前的工作目录
chdir(dir)	将 dir 设置为当前工作目录
listdir(dir)	返回 dir 目录下的文件及目录的列表
mkdir(dir)	创建 dir 指定的目录
rmdir(dir)	删除 dir 指定的目录

【例 6.10】　假设"d：\code"路径下有一个名为"dir_demo"的文件夹,该文件夹的目录包含以下内容:

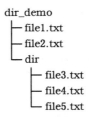

```
dir_demo
├─ file1.txt
├─ file2.txt
└─ dir
      ├─ file3.txt
      ├─ file4.txt
      └─ file5.txt
```

运用目录操作的常用方法完成该目录的操作。

程序代码及运行结果如下:

```
#例 6.10
>>>import os    #导入模块
>>> os.chdir(r'd:\code\dir_demo')    #改变当前工作目录
>>> os.getcwd()    #获取当前工作目录
'd:\\code\\dir_demo'
>>> os.listdir('./')    #获取当前目录下的所有文件及文件夹,返回值为列表
['dir', 'file1.txt', 'file2.txt']
>>> os.chdir(r'd:\code\dir_demo\dir')    #改变当前工作目录
```

```
>>> os.getcwd()    #获取当前工作目录
'd:\\code\\dir_demo\\dir'
>>> os.mkdir(os.getcwd() + '\\test')    #创建新文件夹
>>> os.listdir()    #获取当前目录下的所有文件及文件夹,返回值为列表
['file3.txt', 'file4.txt', 'file5.txt', 'test']
>>> os.rmdir(os.getcwd() + '\\test')    #删除当前目录下的文件夹
>>> os.listdir()    #获取当前目录下的所有文件及文件夹,返回值为列表
['file3.txt', 'file4.txt', 'file5.txt']
```

本章小结

本章介绍了文件和目录的基本操作,其主要内容如下:

(1)文件是一个存储在辅助存储器上的数据序列,可以包含任何数据内容。

(2)在 Python 中操作文件的流程一般为:首先,打开文件并创建文件对象;其次,通过该文件对象,对文件内容进行读、写、修改等操作;最后,关闭并保存文件。

(3)用 open()函数打开文件,读文件可以用 read()、readline()、readlines()方法,写文件可以用 write()和 writelines()方法。

(4)csv 是一种以逗号作为分隔符的纯文本文件,一般用于存储表格形式的数据,Python 中的 csv 标准库提供了 csv 文件的读写方法。

(5)Python 中的 os 模块提供了目录与文件的操作方法。

 练习题

1. 单选题

(1)已知文件 file.txt 的内容为:Hello,World,通过如下代码读取上述文件的内容,读取的结果为(   )。

```
f = open('file.txt', 'r')
s = f.read(7)
print(s)
```

A. Hell   B. Hello   C. Hello,   D. Hello,p

(2)下列选项中,用于关闭文件的方法是(   )。

A. read()   B. tell()   C. seek()   D. close()

(3)下列方法中,返回一个列表的是(   )。

A. read()   B. seek()   C. readlines()   D. readline()

(4)下列方法中,可以设置从指定位置开始读写文件的方法是(   )。

A. read()   B. seek()   C. readine()   D. write()

（5）下列关于文件读取的说法，错误的是（　　　）。

A. read()方法可以一次读取文件中所有内容

B. readline()方法一次只能读取一行内容

C. readlines()以元组的形式返回读取的数据

D. readlines()一次可以读取文件中所有内容

（6）下列方法中用于获取当前读写位置的是（　　　）。

A. open()　　　　　　B. close()　　　　　　C. tell()　　　　　　D. seek()

（7）下列关于目录操作的说法，错误的是（　　　）。

A. os 模块中的 mkdir()函数可以创建目录

B. os 模块中的 rmdir()函数可以删除目录

C. os 模块中的 getcwd()函数可以获取当前路径

D. os 模块中的 chdir()函数可以修改文件名

（8）Python 对文件操作采用的统一步骤是（　　　）。

A. 打开→读写→写入　　　　　　　B. 操作→读取→写入

C. 打开→读取→写入→关闭　　　　D. 打开→操作→关闭

（9）以下选项中关于 csv 格式文件的描述正确的是（　　　）。

A. csv 文件以英文逗号分隔元素　　　　B. csv 文件以英文空格分隔元素

C. csv 文件以英文分号分隔元素　　　　D. csv 文件以英文特殊符号分隔元素

（10）以下选项中关于 csv 格式文件的描述错误的是（　　　）。

A. 可将一个 csv 格式文件理解为一个二维数据

B. csv 格式文件可以包含二维数据的表头信息

C. csv 格式文件可以通过多种编码表示字符

D. 无论是一维还是二维数据，都可以用 csv 格式文件存储

2. 编程题

（1）从文件 exe1. txt 中读取多家公司某年四个季度的销售额，每个销售额数值之间用逗号分隔。将全部的销售额合并在一起并按升序排序，并将排序的结果写入文件 exe1_sorted. txt。

（2）使用 input()函数输入 5 名考生的准考证号和姓名，并将输入的信息保存到"考生信息. txt"文件。准考证号和姓名用逗号分隔，每行保存一名考生的信息。

（3）在"d：\code\score"路径下有 4 个以具体课程名称命名的 csv 文件，分别存储了 4 门课程的学生成绩，请分别统计 4 门课程的最高分、最低分和平均分，并将统计结果写入新的 csv 文件。

异常处理

在编写程序时，程序出错是不可避免的。例如，需要使用英文标点符号（半角）却错误地使用了中文标点符号（全角）；变量命名和函数命名不符合标识符命名规则；错误地让整数和字符串执行相加操作；下标越界等。Python 检测到程序出现错误，无法继续执行。为避免因各种异常状况导致程序崩溃，Python 程序开发中引入了异常处理机制，以处理或修复程序中可能出现的错误，提供诊断信息，帮助开发人员尽快解决问题，恢复程序的正常运行。本章将介绍 Python 中常见的错误和异常，以及异常处理机制。

7.1　错误和异常概述

错误是指程序中的语法错误，而异常是指语法正确但是在程序运行过程中出现的一些错误。

7.1.1　错误

编写和运行程序时，会不可避免地产生错误和异常。调试程序、发现错误并解决错误是程序员的必备技能之一。

错误通常指代码运行前即存在的语法或逻辑错误。语法错误是指源代码中的拼写不符合解释器或编译器所要求的语法规则，一般集成开发工具中会直接提示语法错误，编译时提示 SyntaxError。语法错误必须在程序执行前改正，否则程序无法运行。逻辑错误是指程序代码可执行，但执行结果不符合预期结果。

常见的语法错误如下：

(1)需要使用半角符号的地方用了全角符号。

(2)变量、函数等命名不符合标识符命名规则。

(3)条件语句、循环语句、函数定义后面忘了写冒号。

(4)位于同一层级的语句缩进不一致。

(5)判断两个对象相等时,使用一个等号而不是两个等号。

(6)语句较为复杂时,括号的嵌套层次错误,少了或多了左/右括号。

(7)函数定义时,不同类型参数之间的顺序不符合要求。

7.1.2　异常

异常是指程序语法正确,但执行中因一些意外而导致的错误。异常不一定会发生,例如两个数相除,只有当除数为 0 时才会发生异常。默认情况下,程序运行中遇到异常时将会终止,并在控制台打印出异常出现的堆栈信息。异常处理程序可避免因异常导致的程序终止。

Python 中所有的异常均由类实现,所有的异常类都继承自基类 BaseException。BaseException 类中包含 4 个子类,其中子类 Exception 是大多数常见异常类(如 SyntaxError、ZeroDivisionError 等)的父类。图 7－1 为 Python 中异常类的继承关系。

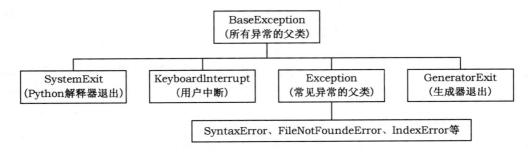

图 7－1　Python 中异常类的继承关系

SyntaxError、FileNotFoundError、IndexError 等常见异常均继承自 Exception 类,表 7－1 列出了 Exception 类下的常见的异常及其含义。

表 7－1　　　　　　　　　　　　　　　常见的异常及其含义

异常名称	含　义
AssertionError	断言语句(assert)失败
AttributeError	尝试访问一个对象没有的属性,比如 foo. x,但是 foo 没有属性 x
EOFError	用户输入文件末尾标志 EOF(Ctrl＋d),input 读取到 EOF 却没有接收任何数据
FloatingPointError	浮点计算错误
GeneratorExit	generator. close()方法被调用的时候
ImportError	导入模块失败的时候
IndexError	索引超出序列的范围
KeyError	字典中查找一个不存在的关键字

续表

异常名称	含　义
KeyboardInterrupt	用户输入中断键(Ctrl+c)
MemoryError	内存溢出(可通过删除对象释放内存)
NameError	尝试访问一个不存在的变量
NotImplementedError	尚未实现的方法
OSError	操作系统产生的异常(例如打开一个不存在的文件)
OverflowError	数值运算超出最大限制
ReferenceError	弱引用(weak reference)试图访问一个已经被垃圾回收机制回收了的对象
RuntimeError	一般的运行时错误
StopIteration	迭代器没有更多的值
SyntaxError	Python 的语法错误
IndentationError	缩进错误
TabError	Tab 和空格混合使用
SystemError	Python 编译器系统错误
SystemExit	Python 编译器进程被关闭
TypeError	不同类型间的无效操作
UnboundLocalError	访问一个未初始化的本地变量(NameError 的子类)
UnicodeError	Unicode 相关的错误(ValueError 的子类)
UnicodeEncodeError	Unicode 编码时的错误(UnicodeError 的子类)
UnicodeDecodeError	Unicode 解码时的错误(UnicodeError 的子类)
UnicodeTranslateError	Unicode 转换时的错误(UnicodeError 的子类)
ValueError	传入无效的参数
ZeroDivisi	除数为零

7.2　捕获异常

对于语法错误,程序几乎是一定会出错的,所以必须在程序执行前进行人工修改;而对于异常,程序运行时可能出错也可能不出错,一旦出错,就会打印出异常的信息,同时程序会终止执行。程序异常将会给用户带来非常不好的体验。用户只是使用这个软件或者程序,并不熟悉语法细则,可能会不理解打印的异常信息。因此大部分程序提供了异常处理机制,可以通过异常处理机制捕获异常,然后对异常进行处理,以一种更友好的方式将相关信息提示给用户,而不是直接终止程序。

Python 中通常将可能发生异常的代码块放在 try 语句中,如果发生异常,则通过 except 语句来捕获异常并对其做一些额外处理;如果没有发生异常,则执行后面的 else 语句,最后执行 finally 语句做一些收尾操作。这里将介绍 try … except、try … except … else、try … except … finally 语句的用法。

7.2.1　try … except 语句

try … except 语句用于捕获程序运行时的异常,其语法形式如下:

```
try:
    可能出错的代码
except [异常类型]:
    处理异常的代码
```

try… except 语句的执行过程如下:

(1)先执行 try 子句中"可能出错的代码"。

(2)如果该代码执行过程中没有产生异常,则忽略 except 子句中的代码。

(3)如果 try 子句发生异常,则忽略 try 子句的剩余代码,转去执行 except 子句的代码。

【例 7.1】　try… except 语句示例。

程序代码如下:

```
#例 7.1
try:
    s = '100'
    print(s/10)
except:
    print('str 类型不支持除法运算')
```

程序运行结果如下:

```
str 类型不支持除法运算
```

由于上述代码对字符串进行算术运算,因此在执行过程中必定会产生异常。但是运行上述代码程序并不会崩溃,这是因为 except 语句捕获到程序中的异常,并告诉 Python 解释器如何处理该异常(忽略异常之后的代码),执行 except 语句后的异常处理代码。

try… except 语句可以捕获和处理程序运行时的单个异常、多个异常、所有异常。它也可以在 except 子句中使用关键字 as 将捕获到的异常赋值给某个变量,然后通过该变量获取异常信息。

1.捕获程序运行时的单个异常

使用 try… except 语句捕获和处理单个异常时,需要在 except 子句的后面指定具体的异常类。

【**例 7.2**】 在例 7.1 中给出异常的名称。

程序代码如下：

```
#例7.2
try:
    s = '100'
    print(s/10)
except TypeError as error:
    print('异常原因：{ }'.format(error))
```

程序运行结果如下：

```
异常原因：unsupported operand type(s) for /: 'str' and 'int'
```

以上代码的 try 子句中对字符串进行了算术运算，导致程序捕获到 TypeError 异常，转而执行 except 子句的代码。因为 except 子句指定处理异常 TypeError，且获取了异常信息并把异常信息使用 as 关键字赋给了变量 error，所以程序会执行 except 子句中的输出语句，而不会出现程序崩溃。

注意：如果指定的异常与程序产生的异常不一致，则程序运行时会崩溃。

2. 捕获程序运行时的多个异常

一段代码中可能会产生多个异常，此时可以将多个具体的异常类组成元组放在 except 语句后处理，也可以联合使用多个 except 语句。

【**例 7.3**】 捕获多个异常示例。

程序代码如下：

```
#例7.3
try:
    lst = [1, 2, 3, 4, 5]
    print(lst[5])
    print(Lst)
except (NameError, IndexError) as error:
    print('异常原因：{ }'.format(error))
```

程序运行结果如下：

```
异常原因：list index out of range
```

上述代码中，在 try 子句中使用 print() 访问列表 lst 中的第 5 个元素，而 lst 中只有 4 个元素，这会产生 IndexError 异常；之后使用 print() 输出一个没有定义过的 Lst 变量，这会引发 NameError 异常。

在处理多个异常时，还可以跟多个 except 子句，每个 except 子句对应一种异常。

【**例 7.4**】 将例 7.3 代码修改为多个 except 子句。

程序代码如下:

```
#例7.4
try:
    lst = [1, 2, 3, 4, 5]
    print(Lst)
    print(lst[5])
except NameError as error:
    print('异常原因: { }'.format(error))
except IndexError as error:
    print('异常原因: { }'.format(error))
```

程序运行结果如下:

```
异常原因: name 'Lst' is not defined
```

3.捕获程序运行时的所有异常

在 Python 中,使用 try... except 语句捕获所有异常有两种方式:指定异常类为 Exception 类和省略异常类。

(1)指定异常类为 Exception 类

在 except 子句的后面指定具体的异常类为 Exception,由于 Exception 类是常见异常类的父类,因此它可以指代所有常见的异常。

【例 7.5】　用 Exception 捕获例 7.3 中的所有异常。

```
#例7.5
try:
    lst = [1, 2, 3, 4, 5]
    print(lst[5])
    print(Lst)
except Exception as error:
    print('异常原因: { }'.format(error))
```

程序运行结果如下:

```
异常原因: list index out of range
```

Try 子句中包含 NameError 和 IndexError 两种异常。Except 子句中指定了 Exception 来捕获异常,而 NameError 和 IndexError 是 Exception 的子类,所以程序会自动捕获 Exception 子类的所有异常,而不会出现程序崩溃。

(2)省略异常类

在 except 子句的后面省略异常类,表明处理所有捕获到的异常。

【例 7.6】　在 except 子句中省略异常类名捕获例 7.3 中的所有异常。

```
#例7.6
try:
    lst = [1, 2, 3, 4, 5]
    print(lst[5])
    print(Lst)
except:
    print('程序出现异常，原因未知')
```

程序运行结果如下：

程序出现异常，原因未知

虽然使用省略异常类的方式也能捕获所有常见的异常，但这种方式不能获取异常的具体信息，所以不推荐采用此种方法捕获异常。

7.2.2 try…except…else 语句

异常处理的主要目的是防止因外部环境的变化导致程序产生无法控制的错误，而不是处理程序的设计错误。因此，将所有的代码都用 try 子句包含起来的做法是不推荐的，try子句应尽量只包含可能产生异常的代码。Python 中 try…except 语句还可以与 else 子句联合使用，else 子句放在 except 子句之后，当 try 子句没有出现错误时应执行 else 子句中的代码。其语法形式如下：

```
try:
    可能出错的代码
except [异常类型]:
    出错后执行的代码
else:
    未出错时执行的代码
```

【例7.7】 try…except…else 语句示例。

```
#例7.7
while True:
    try:
        num1 = int(input('请输入被除数：'))
        num2 = int(input('请输入除数：'))
        print(num1 / num2)
    except Exception as error:
        print('程序出现异常，异常原因：{}'.format(error))
    else:
        break
```

程序运行结果如下：

```
请输入被除数：a
程序出现异常，异常原因：invalid literal for int() with base 10: 'a'
请输入被除数：10
请输入除数：0
程序出现异常，异常原因：division by zero
请输入被除数：10
请输入除数：2
5.0
```

由程序运行结果可见，若用户输入的数据不符合算术运算的要求，则程序产生异常，执行 except 子句中的代码，之后进入下一次循环；若用户输入的数据符合要求，则程序未产生任何异常，执行 else 子句中的代码。

7.2.3　try...except...finally 语句

finally 子句与 try...except 语句连用时，无论 try...except 是否捕获到异常，finally 子句后面的代码都要执行，其语法形式为：

```
try:
    可能出错的代码
except [异常类型]:
    出错后执行的代码
finally:
    无论是否出错都会执行的代码
```

【例 7.8】　利用 try...except...finally 语句完成文件处理过程。

```
try:
    file = open('例 8.8.txt', 'r')
    file.write('我要学 Python！')
except Exception as error:
    print('程序出现异常，异常原因：{ }'.format(error))
finally:
    file.close()
    print('文件已经安全关闭！')
```

程序运行结果如下：

```
程序出现异常，异常原因：not writable
文件已经安全关闭！
```

在第 6 章我们已经知道处理文件时，避免打开文件占用过多的系统资源，在完成对文件的操作后需要使用 close() 方法关闭文件。因此为了确保文件一定会被关闭，可以将关闭文件的代码放在 finally 子句中。

本章介绍了 Python 中异常处理的相关知识点,其主要内容如下:

(1)错误和异常的相关概念,以及一些常见的错误和异常类型。

(2)当程序运行出现异常时,捕获并处理的方法,重点介绍了 try ... except、try ... except ... else、try ... except ... finally 语句的用法。

练习题

单选题

(1)下列关于异常的说法,正确的是(   )。

A. 程序一旦遇到异常便会停止运行

B. 只要代码的语法格式正确,就不会出现异常

C. try 语句用于捕获异常

D. 如果 except 子句没有指明异常,则可以捕获和处理所有的异常

(2)下列关于 try... except 的说法,错误的是(   )。

A. try 子句中若没有发生异常,则忽略 except 子句中的代码

B. 程序捕获到异常会先执行 except 语句,再执行 try 语句

C. 若在执行 try 子句中的代码时引发异常,则会执行 except 子句中的代码

D. except 可以指定错误的异常类

(3)阅读下面代码:

```
num1 = 9
num2 = 0
prin(num1 /num2)
```

运行该代码,Python 解释器抛出的异常是(   )。

A. ZeroDivisionError   B. SyntaxError

C. FloatingPointError   D. OverflowError

(4)下面描述中,错误的是(   )。

A. 一条 try 子句只能对应一个 except 子句

B. 一条 except 子句可以处理捕获多个异常

C. 使用关键字 as 可以获取异常的具体信息

D. 程序发生异常后默认返回的信息包括异常类、原因和异常发生的行号

第 8 章

numpy 数值计算

numpy 是用于数据科学计算的基础模块,不但能够完成科学计算的任务,而且能够被用作高效的多维数据容器,可用于存储和处理大型矩阵。numpy 的数据容器能够保存任意类型的数据,这使得 numpy 可以无缝并快速地整合各种数据。numpy 本身并没有提供很多高级的数据分析功能。理解 numpy 数组及数组计算有助于更加高效地使用诸如 pandas 等数据处理工具。

8.1 初识 numpy

8.1.1 numpy 概述

numpy(numerical python)是 Python 语言的一个开源扩展库,它的前身是 Numeric,是由 Jim Hugunin 与其他协作者共同开发。2005 年,Travis Oliphant 在 Numeric 中结合了另一个同性质的程序库 Numarray 的特色,并加入了其他扩展而开发了 numpy。

numpy 是 Python 进行数组计算、矩阵运算和科学计算的核心库,它提供了一个高性能的数组对象 ndarray,利用该对象我们可以轻松地创建一维数组、二维数组或多维数组,此外它也针对数组运算提供大量的数学函数库。目前 numpy 已经广泛地应用于数据分析、机器学习、图形处理、数学等领域。

因为 numpy 是 Python 的扩展库,所以使用之前必须先安装,最简单的安装方法是使用 pip 工具,安装命令如下:

```
pip install numpy
```

安装后要使用 numpy 时,需要先导入 numpy 库,常用的导入格式如下:

```
import numpy as np
```

导入 numpy 后,可以通过"np. +Tab"组合键查看 numpy 下可用的函数。

如果你不知道怎么使用某一函数,可以在该函数名后加"?"(如 np. sum?)运行,这样可以方便地查看该函数的帮助信息。

8.1.2　numpy 数组简介

numpy 数组是一个多维数组对象,称为 ndarray 对象。numpy 数组具有以下几个特性:

(1)numpy 数组的下标从 0 开始。

(2)numpy 数组中所有元素的类型必须是相同的。

(3)numpy 数组在创建时具有固定的大小。

1. 秩、轴、维度

numpy 数组的维数称为秩(rank),一维数组的秩为 1,二维数组的秩为 2,以此类推。在 numpy 中,每一个线性的数组称为一个轴(axes),秩其实是描述轴的数量(数组的维数)。比如说,二维数组相当于两个一维数组,其中第一个一维数组中的每个元素又是一个一维数组。因此二维数组就是 numpy 中的轴(axes)为 2,第一个轴相当于是底层数组,第二个轴是底层数组里的数组。数组的维度(shape)是指由数组在每个轴上的元素个数组成的元组,该元组的长度就是数组的维数。

我们用矩形的行和列表示一个二维数组,其中沿着 0 轴的方向被穿过的称作行,沿着 1 轴的方向被穿过的称作列。

2. ndarray 对象属性

ndarray 对象是 numpy 的一个多维数组对象,它具有如下一些常用属性:

(1)ndarray. ndim:数组的维数(即数组轴的个数),它等于秩。

(2)ndarray. shape:数组的维度。这是一个整数的元组,表示每个维度中数组的大小。对于有 n 行和 m 列的矩阵,shape 将是(n,m)。因此,shape 元组的长度就是 rank 或维度的个数 ndim。

(3)ndarray. size:数组元素的总数,它等于 shape 的元素的乘积。

(4)ndarray. dtype:一个描述数组中元素类型的对象。使用标准的 Python 类型创建或指定 dtype。另外,numpy 提供自己的类型,例如 numpy. int32、numpy. int16 和 numpy. float64。

8.2　创建数组

numpy 提供了多种创建数组的方法,下面将介绍常用的创建方法。

1. 使用 array()函数创建

使用 array()函数可以将其他 Python 数据结构(例如,列表、元组、可迭代对象)转换为 numpy 数组。该函数使用语法形式如下:

```
numpy.array(object,dtype=None,copy=True,order='K',subbok=False,ndmin=0)
```

主要参数说明:

(1)object:将要转换的数据对象。

(2)dtype:数据类型。

(3)ndim:生成数组的维度。

【例 8.1】　使用 array()函数创建数组。

程序代码如下:

```
#例8.1
import numpy as np

data1 = [1, 2, 3, 4]    #列表
data2 = (5, 6, 7, 8)    #元组
data3 = [[1, 3, 5, 7], [2, 4, 6, 8]]      #二维列表
data4 = range(1, 21, 2)    #可迭代对象
arr1 = np.array(data1)    #将列表转换成数组
arr2 = np.array(data2, dtype=float)      #将元组转换成数组,并指定数据类型为 float
arr3 = np.array(data3)      #将二维列表转换成数组
arr4 = np.array(data4)      #将可迭代对象转换成数组
print('arr1:', arr1)
print('arr2:', arr2)
print('arr3:', arr3)
print('arr4:', arr4)
```

程序运行结果如下:

```
arr1: [1 2 3 4]
arr2: [5. 6. 7. 8.]
arr3: [[1 3 5 7]
      [2 4 6 8]]
arr4: [1 3 5 7 9 11 13 15 17 19]
```

2. 使用 arange()函数创建数组

使用 arange()函数可以创建指定起始值、终止值和步长的数组,但创建的数组里的元素不包含终止值。该函数使用语法形式如下:

```
arange([start,] stop[, step,] dtype=None)
```

主要参数说明:

(1)start:起始值,为可选,省略时默认值为 0。

（2）stop：终止值，生成的数组内不包含该值。

（3）step：步长，为可选，省略时默认值为 1。

【例 8.2】 使用 arange()函数创建数组。

程序代码如下：

```
#例8.2
import numpy as np

arr1 = np.arange(5)      #创建一个从 0 开始，步长为 1，包含 5 个元素的数组
arr2 = np.arange(1, 21, 2)      #创建一个从 1 开始到 20 终止，步长为 2 的数组
print(arr1)
print(arr2)
```

程序运行结果如下：

```
[0 1 2 3 4]
[1 3 5 7 9 11 13 15 17 19]
```

3. 使用 linspace()函数创建等差数列

使用 linspace()函数可以创建一个一维的等差数列数组，它与 arange()函数不同。arange()函数创建的数据是从 start 到 stop 的左闭右开区间的数组，第三个参数 step 是步长。而 linspace()函数默认创建的是从 start 到 stop 的闭区间的数组，第三个参数 num 是数组包含元素的个数。该函数使用语法形式如下：

```
linspace(start,stop,num=50,endpoint=True,retstep=False,dtype=None)
```

主要参数说明：

（1）start：起始值。

（2）stop：终止值。如果 endpoint 参数为 True，则数组包含该值；如果为 False，则不包含该值。

（3）num：数组元素的个数，默认为 50。

【例 8.3】 使用 linspace()函数创建数组。

程序代码如下：

```
#例8.3
import numpy as np

arr1 = np.linspace(0,10, 5)
print(arr1)
```

程序运行结果如下：

```
[0. 2.5 5. 7.5 10. ]
```

4. 创建特殊形式的数组

numpy 提供了一些用来创建特殊形式数组的函数,例如数组元素全为 0 或 1 的数组,如表 8-1 所示。

表 8-1　　　　　　　　　　　　　　numpy 创建特殊形式数组的函数

函　　数	功能说明	举　　例
zeros([m,n])	创建元素全为 0 的 m 行 n 列的二维数组	np. zeros([2,3])
ones([m,n])	创建元素全为 1 的 m 行 n 列的二维数组	np. ones([2,3])
eye(n)	创建 n 阶单位二维数组(对角线元素为 1)	np. eye(3)
full([m,n],z)	创建 m 行 n 列元素全为 z 的二维数组	np. full([2,3],7)
empty([m,n])	创建元素由系统随机设定的 m 行 n 列的二维数组	np. empty([2,3])
diag()	创建对角二维数组	np. diag([1,2,3,4])

5. 创建随机数组

numpy 的 random 模块提供了可以创建随机数数组的函数,下面介绍几种常用的函数。

(1)rand()函数

使用 rand()函数可以创建元素数值介于(0,1)的随机数组,生成的元素数据类型为浮点型,服从均匀分布。

【例 8.4】　使用 rand()函数创建数值范围介于 0~1 的一维随机数组和二维随机数组。

程序代码如下:

```
#例8.4
import numpy as np

arr1 = np.random.rand(5)     #创建一维随机数组
arr2 = np.random.rand(2,3)     #创建二维随机数组
print('创建 0~1 的一维随机数组 arr1: ', arr1, sep = '\n')
print('创建 0~1 的二维随机数组 arr2: ', arr2, sep = '\n')
```

程序运行结果如下:

```
创建 0~1 的一维随机数组 arr1:
[0.86663657 0.32369064 0.69115981 0.17697235 0.94257831]
创建 0~1 的二维随机数组 arr2:
[[0.60898913 0.97337413 0.48146192]
[0.38397747 0.60683757 0.53813016]]
```

(2)randn()函数

使用 randn()函数可以创建元素数值服从标准正态分布的随机数组,生成的元素数据

类型为浮点型。

【例 8.5】 使用 randn()函数创建一维随机数组和二维随机数组。

程序代码如下：

```
#例8.5
import numpy as np

arr1 = np.random.randn(5)      #创建一维随机数组
arr2 = np.random.randn(2,3)      #创建二维随机数组
print('创建服从正态分布的一维随机数组 arr1: ', arr1, sep = '\n')
print('创建服从正态分布的二维随机数组 arr2: ', arr2, sep = '\n')
```

程序运行结果如下：

```
创建服从正态分布的一维随机数组 arr1:
[1.80272619 -1.38799346 -1.76110814 -0.40057482 -0.38851622]
创建服从正态分布的二维随机数组 arr2:
[[-0.03445083  0.81501955 -0.29796377]
[-0.60926398 -1.52468355  0.24611703]]
```

（3）randint()函数

使用 randint()函数可以创建元素值介于指定范围内的随机整数数组，生成的元素数据类型为整型。该函数使用语法形式如下：

```
numpy.random.randint(low,hight=None,size=None)
```

主要参数说明：

①low：低值，为整数。当 hight 参数不为空时，low 参数应小于 hight，否则会报错。

②hight：高值，为整数。生成的元素不包含该值。

③size：数组维数、整数或元组。整数表示创建一维数组，元组表示创建多维数组，默认为空；如果为空，则仅创建一个元素。

【例 8.6】 使用 randint()函数创建随机整数数组。

程序代码如下：

```
#例8.6
import numpy as np

arr1 = np.random.randint(1, 5, 7)
arr2 = np.random.randint(1, 10)
arr3 = np.random.randint(1, 5, size=(2,5))
print('创建包含 7 个元素值介于 1 到 5 的随机整数数组 arr1: ', arr1, sep='\n')
print('返回一个介于 1 到 10 的整数 arr2: ', arr2, sep='\n')
print('创建一个 2 行 5 列的二维随机整数数组 arr3: ', arr3, sep='\n')
```

程序运行结果如下：

```
创建包含 7 个元素值介于 1 到 5 的随机整数数组 arr1：
[4 2 2 2 3 1 1]
返回一个介于 1 到 10 的整数 arr2：
8
创建一个 2 行 5 列的二维随机整数数组 arr3：
[[4 1 4 4 1]
 [3 3 3 1 1]]
```

（4）normal()函数

使用 normal()函数可以创建指定均值和标准差的正态分布的随机数组，生成的元素数据类型为浮点型。该函数使用语法形式如下：

```
numpy.random.normal(loc, scale, size)
```

参数说明：

①loc：正态分布的均值。

②scale：正态分布的标准差。

③size：数组的维度。

【例 8.7】　使用 normal()函数生成包含 10 个元素的正态分布数组，其中均值为 0，标准差为 0.2。

程序代码如下：

```
#例 8.7
import numpy as np

arr = np.random.normal(0, 0.2, 10)
print('正态分布数组 arr:', arr, sep='\n')
```

程序运行结果如下：

```
正态分布数组 arr:
[-0.23359903  0.26285983  0.19043702 -0.11133425  0.02032475 -0.29447292
 -0.0592131  -0.13023084  0.41001652 -0.16090351]
```

8.3　查看数组属性

数组对象创建后，既可以查看对象的相关属性，例如数组的形状（shape）、维度（ndim）、大小（size）、数据类型（dtype）等；也可以用 astype(dtype)函数修改数据类型。

【**例8.8**】 创建一个二维数组,查看该数组的形状、维度、大小、数据类型,并修改数据类型。

程序代码如下:

```
#例8.8
import numpy as np

arr = np.arange(10).reshape(2,5)
print(arr)
print(np.shape(arr))     #查看数组的形状
print(np.ndim(arr))      #查看数组的维度
print(np.size(arr))      #查看数组的大小
print(arr.dtype)     ##查看数据类型
arr2 = arr.astype(float)     #修改数据类型
print(arr2.dtype)      #查看数据类型
print(arr.shape)
```

程序运行结果如下:

```
[[0 1 2 3 4]
 [5 6 7 8 9]]
(2, 5)
2
10
int32
float64
(2, 5)
```

8.4 访问数组

8.4.1 一维数组的访问

一维数组只有一个维度的下标,访问的方法类似于列表,下标除了可以用索引和切片外,还可以用列表。

【**例8.9**】 创建一个一维数组,用多种方式访问数组元素。

程序代码如下:

```
#例8.9
import numpy as np

arr = np.arange(10) * 2     #创建一个包含 10 个元素的一维数组
print(arr)
```

```
print(arr[2])       #访问第 3 个元素
print(arr[:3])        #访问前 3 个元素
print(arr[::2])       #从 0 位置开始，间隔 2 个访问元素
print(arr[[0, 3, 7, 5]])      #访问第 1、4、8、6 个元素
```

程序运行结果如下：

```
[0 2 4 6 8 10 12 14 16 18]
4
[0 2 4]
[0 4 8 12 16]
[0 6 14 10]
```

8.4.2　二维数组的访问

二维数组有两个下标，分别为行下标和列下标，访问时可用如下格式：

数组对象[行下标，列下标]

行下标和列下标可以是索引、切片和列表。

如果只有行下标，没有列下标，则访问的是行的内容。

【例 8.10】　创建一个二维数组，用多种方式访问该数组的行数据。

程序代码如下：

```
#例 8.10
import numpy as np

arr = np.arange(1, 21).reshape(4,5)      #创建一个 4 行 5 列的数组
print(arr)
#如果只有行下标，没有列下标，则访问的是行的内容
print('访问第 1 行内容:\n', arr[0])      #访问第 1 行内容
print('访问前 2 行内容:\n', arr[0:2])      #访问前 2 行内容
print('访问第 1、4 行内容:\n', arr[[0,3]])      #访问第 1、4 行内容
```

程序运行结果如下：

```
[[1 2 3 4 5]
[6 7 8 9 10]
[11 12 13 14 15]
[16 17 18 19 20]]
访问第 1 行内容:
[1 2 3 4 5]
访问前 2 行内容:
[[1 2 3 4 5]
[6 7 8 9 10]]
访问第 1、4 行内容:
```

```
[[1 2 3 4 5]
[16 17 18 19 20]]
```

如果要访问数组的列,则行下标应该是完全切片的形式,列下标为需要访问的下标。

【例 8.11】 创建一个二维数组,用多种方式访问该数组的列。

程序代码如下:

```
#例8.11
import numpy as np

arr = np.arange(1, 21).reshape(4, 5)      #创建一个 4 行 5 列的数组
print(arr)
print('访问数组的第 2 列:\n', arr[:, 1])       #访问数组的第 2 列
print('访问数组的前 3 列:\n', arr[:, 0:3])      #访问数组的前 3 列
print('访问数组的第 1、3 列:\n', arr[:, [0, 2]])     #访问数组的第 1、3 列
```

程序运行结果如下:

```
[[1 2 3 4 5]
[6 7 8 9 10]
[11 12 13 14 15]
[16 17 18 19 20]]
访问数组的第 2 列:
[2 7 12 17]
访问数组的前 3 列:
[[1 2 3]
[6 7 8]
[11 12 13]
[16 17 18]]
访问数组的第 1、3 列:
[[1 3]
[6 8]
[11 13]
[16 18]]
```

除访问数组的行和列之外,还可以访问数组的某部分元素。

【例 8.12】 创建一个二维数组,访问该数组的部分元素。

程序代码如下:

```
#例8.12
import numpy as np

arr = np.arange(1, 21).reshape(4, 5)      #创建一个 4 行 5 列的数组
print(arr)
print('访问第 3 行、第 5 列的元素:\n', arr[2,4])      #访问第 3 行、第 5 列的元素,行、
列下标分别为具体的行、列索引号
```

```
print('访问第1、2行，第2、3、4列的6个元素：\n', arr[0:2, 1:4]        #访问第1、2
行，第2、3、4列的6个元素
#如果行下标和列下标都是列表，则访问的是行列下标对应值组成的坐标对应的元素
print('此处访问的是坐标为（0,1）和（2,4）的两个元素！\n', arr[[0,2], [1,4]])
#此处访问的是坐标为（0,1）和（2,4）的两个元素！
```

程序运行结果如下：

```
[[ 1  2  3  4  5]
 [ 6  7  8  9 10]
 [11 12 13 14 15]
 [16 17 18 19 20]]
访问第3行、第5列的元素：
 15
访问第1、2行，第2、3、4列的6个元素：
 [[2 3 4]
 [7 8 9]]
此处访问的是坐标为（0,1）和（2,4）的两个元素！
 [2 15]
```

8.4.3　布尔索引

布尔索引，就是通过一组布尔值对数组进行取值操作，操作的结果返回数组中索引值为 True 的位置上的元素。具体操作可以先通过设置筛选条件生成布尔数组，再通过布尔数组反向索引符合条件的结果。

【例 8.13】　创建一个二维数组，利用布尔索引访问数组元素。

程序代码如下：

```
#例8.13
import numpy as np

arr = np.random.random((4, 4))      #生成4×4的二维数组，元素符合正态分布
print(arr)
b = arr > 0.5  #生成以 a>0.5 为筛选条件的布尔数组
print('生成的布尔数组为：\n', b)
print('通过布尔数组取值结果为：\n',arr[b])      #根据布尔数组将原值取出，变成一维数组
```

程序运行结果如下：

```
[[0.21681563 0.09171038 0.28445713 0.4260427]
 [0.18142946 0.90938495 0.29676813 0.58147721]
 [0.3797603 0.50005517 0.07958161 0.7167155]
 [0.31259593 0.86111772 0.34297095 0.07050394]]
生成的布尔数组为：
```

```
[[False False False False]
[False True False True]
[False True False True]
[False True False False]]
```
通过布尔数组取值结果为：
```
[0.90938495 0.58147721 0.50005517 0.7167155  0.86111772]
```

8.4.4 修改数组

对于已经建好的数组，既可以修改数组元素，也可以改变数组的形状。

1. 修改数组元素

我们可以使用 numpy 函数添加或删除数组元素，表 8—2 列出了修改数组元素的常用函数。

表 8—2　　　　　　　　numpy 修改数组元素的常用函数（arr 为 numpy 数组）

函　数	功能说明
append(arr,values)	将 values（可以是一个元素，也可以是一组元素）添加到数组 arr 尾部
insert(arr,obj,values)	将 values 添加到下标为 obj 位置
delete(arr,obj)	删除指定位置上的元素

注意：以上函数不会对原数组做任何改动，这些操作将返回一个新数组。

如果要修改原数组的元素值，则可以通过赋值操作直接修改数组元素。

【例 8.14】　创建一个一维数组，并对该数组进行相应的修改。

程序代码如下：

```
#例8.14
import numpy as np

arr = np.arange(10)      #创建一个包含 10 个元素的数组
print(arr)
arr1 = np.append(arr,10)      #往数组添加元素 10
print(arr1)
arr2 = np.append(arr,[100,110,120])      #往数组添加 3 个元素
print(arr2)
arr3 = np.insert(arr,2, 1000)      #在数组的下标为 2 的位置添加元素
print(arr3)
arr4 = np.insert(arr,5, [101,102,103])      #在数组的下标为 5 的位置添加 3 个元素
print(arr4)
arr5 = np.delete(arr4,5)      #删除数组下标为 5 的位置上的元素
print(arr5)
print(arr)
arr[0] = 400      #原地修改下标为 0 的位置上的元素
print(arr)
```

程序运行结果如下：

```
[0 1 2 3 4 5 6 7 8 9]
[ 0  1  2  3  4  5  6  7  8  9 10]
[ 0   1   2   3   4   5   6   7   8   9 100 110 120]
[   0   1 1000   2   3   4   5   6   7   8   9]
[ 0   1   2   3   4 101 102 103   5   6   7   8   9]
[ 0   1   2   3   4 102 103   5   6   7   8   9]
[0 1 2 3 4 5 6 7 8 9]
[400   1   2   3   4   5   6   7   8   9]
```

2. 修改数组的形状

修改数组的形状，是指在保持元素数目不变的情况下，把一维数组修改成多维数组，或把多维数组修改成一维数组。常用的方法有：reshape() 和 flatten()。

【例 8.15】　创建一个一维数组，将该数组转换成二维、三维数组，然后再将转换后的多维数组展平成一维数组。

程序代码如下：

```
#例 8.15
import numpy as np

arr = np.arange(12)      #创建包含 12 个元素的数组
print('一维数组: \n', arr)
arr1 = arr.reshape(3, 4)      #将一维数组修改成 3×4 的二维数组
print('二维数组: \n', arr1)
arr2 = arr.reshape(2, 2, 3)      #将一维数组修改成 2×2×3 的三维数组
print('三维数组: \n', arr2)
arr3 = arr1.flatten()      #将二维数组展平成一维数组
print('将二维数组 arr1 展平成一维数组: \n', arr3)
arr4 = arr2.flatten()      #将三维数组展平成一维数组
print('将三维数组 arr2 展平成一维数组: \n', arr4)
```

程序运行结果如下：

```
一维数组:
 [ 0  1  2  3  4  5  6  7  8  9 10 11]
二维数组:
 [[ 0  1  2  3]
 [ 4  5  6 7]
 [ 8  9 10 11]]
三维数组:
 [[[ 0  1  2]
  [ 3  4  5]]
```

```
[[ 6  7  8]
 [ 9 10 11]]]
```
将二维数组 arr1 展平成一维数组:
```
[ 0  1  2  3  4  5  6  7  8  9 10 11]
```
将三维数组 arr2 展平成一维数组:
```
[ 0  1  2  3  4  5  6  7  8  9 10 11]
```

3. 数组的转置

数组的转置相当于线性代数中的矩阵转置,可以使用"T"命令、transpose()方法或 swapaxes()方法完成。

【例 8.16】 数组的转置示例。

程序代码如下:

```
#例8.16
import numpy as np

arr1 = np.arange(1, 4)
print('arr1 = ', arr1)
print('arr1 的转置 = ', arr1.T)      #一维数组转置后不会产生变化

arr2 = np.arange(6).reshape(2, 3)
print('arr2 = \n', arr2)
print('arr2 的转置 = \n', arr2.T)       #通过 T 命令转置
print('利用 transpose()方法转置 = \n', arr2.transpose((1, 0)))
#用 transpose()方法转置需传入轴编号组成的元组
print('利用 swapaxes()方法转置 = \n', arr2.swapaxes(0, 1))     #用 swapaxes()
方法转置
```

程序运行结果如下:

```
arr1 = [1 2 3]
arr1 的转置 = [1 2 3]
arr2 =
 [[0 1 2]
 [3 4 5]]
arr2 的转置 =
 [[0 3]
 [1 4]
 [2 5]]
利用 transpose()方法转置 =
 [[0 3]
 [1 4]
 [2 5]]
利用 swapaxes()方法转置 =
 [[0 3]
 [1 4]
 [2 5]]
```

4. 数组合并

数组的合并用于多个数组间的操作，numpy 使用 hstack()、vstack()和 concatenate()函数完成数组的合并。

（1）横向合并

利用 hstack()函数将两个数组横向合并，使用时将要合并的两个数组构成元组对作为参数，传给 hstack()函数。但是要注意的是，横向合并的两个数组的行数要相同！

【例 8.17】　利用 hstack()函数将两个数组横向合并。

程序代码如下：

```
#例 8.17
import numpy as np

arr1 = np.arange(6).reshape(3, 2)
arr2 = np.arange(9).reshape(3, 3)
arr3 = np.hstack((arr1, arr2))       #横向合并，两个数组的行数要相同

print('arr1 = \n', arr1)
print('arr2 = \n', arr2)
print('横向合并后的 arr3 = \n', arr3)
```

程序运行结果如下：

```
arr1 =
 [[0 1]
 [2 3]
 [4 5]]
arr2 =
 [[0 1 2]
 [3 4 5]
 [6 7 8]]
横向合并后的 arr3 =
 [[0 1 0 1 2]
 [2 3 3 4 5]
 [4 5 6 7 8]]
```

（2）纵向合并

利用 vstack()函数将两个数组纵向合并，其使用方法类似于 hstack()函数。但是要注意的是，纵向合并的两个数组的列数要相同！

【例 8.18】　利用 vstack()函数将两个数组纵向合并。

程序代码如下：

```
#例8.18
import numpy as np

arr1 = np.arange(6).reshape(2, 3)
arr2 = np.arange(9).reshape(3, 3)
arr3 = np.vstack((arr1, arr2))     #纵向合并，两个数组的列数要相同

print('arr1 = \n', arr1)
print('arr2 = \n', arr2)
print('纵向合并后的 arr3 = \n', arr3)
```

程序运行结果如下：

```
arr1 =
 [[0 1 2]
 [3 4 5]]
arr2 =
 [[0 1 2]
 [3 4 5]
 [6 7 8]]
纵向合并后的 arr3 =
 [[0 1 2]
 [3 4 5]
 [0 1 2]
 [3 4 5]
 [6 7 8]]
```

（3）concatenate()函数

使用 concatenate()函数,设置参数 axis 的不同的值,实现两个数组的指定轴向的合并。当 axis＝1 时,进行横向合并;当 axis＝0 时,进行纵向合并。

【例 8. 19】 利用 concatenate()函数将两个数组合并。

程序代码如下：

```
#例8.19
import numpy as np

arr1 = np.arange(6).reshape(2, 3)
arr2 = arr1 * 2
arr3 = np.concatenate((arr1, arr2), axis = 1)     #将两个数组横向合并
arr4 = np.concatenate((arr1, arr2), axis = 0)     #将两个数组纵向合并

print('arr1 = \n', arr1)
print('arr2 = \n', arr2)
print('横向合并结果: \n', arr3)
print('纵向合并结果: \n', arr4)
```

程序运行结果如下：

```
arr1 =
 [[0 1 2]
 [3 4 5]]
arr2 =
 [[0 2 4]
 [6 8 10]]
横向合并结果：
 [[0 1 2 0 2 4]
 [3 4 5 6 8 10]]
纵向合并结果：
 [[0 1 2]
 [3 4 5]
 [0 2 4]
 [6 8 10]]
```

5. 数组分割

与数组合并相反，numpy 提供了 hsplit()、vsplit()和 split()函数分别实现数组的横向、纵向和指定方向的分割，分割后返回一数组。

hsplit()/vsplit()函数用于将一个数组横向/纵向分割为多个形状相同的子数组，子数组的数量通过参数来指定，如果不能将数组分割成形状相同的子数组，则报错。

split()函数实现沿着特定的轴将原数组分隔为多个子数组，得到的子数组形状可以不相同，其使用语法形式如下：

```
np.split(ary, indices_or_sections, axis=0)
```

参数说明：

（1）ary：将被分割的数组。

（2）indices_or_sections：当该参数为整数时，按该数字平均分割数组，如果不能平均分割，则报错；当该参数为一数组时，将按数组给出的下标进行切片分组，例如参数为数组[2,3]，则将数组分割成 3 个部分，分别为:[:2]、[2:3]、[3:]。

（3）axis：指定分割的轴，当该参数为 1 时横向分割，当该参数为 0 时纵向分割。

【例 8.20】　创建一个二维数组，将该二维数组分割。

程序代码如下：

```
#例8.20
import numpy as np

arr = np.arange(16).reshape(4, 4)

arr1 = np.hsplit(arr, 2)      #对数组进行横向分割，返回结果为数组
arr2 = np.vsplit(arr, 2)      #对数组进行纵向分割，返回结果为数组
```

```
arr3 = np.vsplit(arr, 3)      #将报错，因为不能平均分割
arr4 = np.split(arr, [1, 3], axis = 1)      #横向分割
arr5 = np.split(arr, 2, axis = 0)        #纵向分隔

print('arr: \n', arr)
print('横向分割结果：\n', arr1)
print('纵向分割结果：\n', arr2)

print('横向分割：\n', arr4)
print('纵向分割：\n', arr5)
```

程序运行结果如下：

```
arr:
 [[0 1 2 3]
 [4 5 6 7]
 [8 9 10 11]
 [12 13 14 15]]
横向分割结果：
[array([[0, 1],
       [4, 5],
       [8, 9],
       [12, 13]]), array([[2, 3],
       [6, 7],
       [10, 11],
       [14, 15]])]
纵向分割结果：
 [array([[0, 1, 2, 3],
       [4, 5, 6, 7]]), array([[8, 9, 10, 11],
       [12, 13, 14, 15]])]
横向分割：
 [array([[0],
       [4],
       [8],
       [12]]), array([[1,  2],
       [5, 6],
       [9, 10],
       [13, 14]]), array([[ 3],
       [7],
       [11],
       [15]])]
纵向分割：
 [array([[0, 1, 2, 3],
       [4, 5, 6, 7]]), array([[8, 9, 10, 11],
       [12, 13, 14, 15]])]
```

8.5　数组的运算

8.5.1　数组的算术运算

1. 数组与标量的算术运算

标量就是一个数值，可以使用算术运算符或数学函数对数组和标量进行算术运算。表 8—3 列出了常用的算术运算符和函数。

表 8—3　　　　　　　　　　　numpy 中常用的算术运算符和函数

算术运算符	数学函数	功　能
+	np. add( )	加
-	np. subtract( )	减
*	np. multiply( )	乘
/	np. divide( )	除
%	np. mod( )或 np. remainder( )	取余
//	np. divmod( )	取整
**	np. power( )	乘方

注意：当数组与标量进行算术运算时，数组中的每个元素都与标量进行运算，结果返回新的数组。

【例 8.21】 numpy 数组与标量进行算术运算示例。

程序代码如下：

```
#例 8.21
import numpy as np

arr = np.arange(1, 6)

print(arr)
print('加法: ', arr + 10)
print('减法: ', 10 - arr)
print('减法: ', np.subtract(arr, 10))
print('乘法: ', np.multiply(arr, 10))
print('取余: ', np.remainder(arr, 3))
print('取余: ', np.mod(arr, 2))
print('商和余数: ', np.divmod(arr, 2))
```

程序运行结果如下：

```
[1 2 3 4 5]
加法: [11 12 13 14 15]
减法: [9 8 7 6 5]
减法: [-9 -8 -7 -6 -5]
乘法: [10 20 30 40 50]
取余: [1 2 0 1 2]
取余: [1 0 1 0 1]
商和余数: (array([0, 1, 1, 2, 2], dtype=int32), array([1, 0, 1, 0, 1],
dtype=int32))
```

2. 数组与数组的算术运算

数组与数组进行算术运算时，参与运算的两个数组的形状如果相同，则两个数组相同位置上的元素进行算术运算。

【例 8.22】 Numpy 数组与数组的算术运算示例。

程序代码如下：

```
#例8.22
import numpy as np

arr1 = np.arange(6).reshape(2,3)
arr2 = np.arange(100, 106).reshape(2,3)

print('arr1:\n{}\n arr2:\n{}'.format(arr1, arr2))
print('arr1 + arr2 = \n', arr1 + arr2)
print('arr1 * arr2 = \n', arr1 * arr2)
```

程序运行结果如下：

```
arr1:
[[0 1 2]
[3 4 5]]
arr2:
[[100 101 102]
[103 104 105]]
arr1 + arr2 =
[[100 102 104]
[106 108 110]]
arr1 * arr2 =
[[  0 101 204]
[309 416 525]]
```

如果两个数组的形状不相同，则需要通过广播机制将它们转换成相同的形状，再运算；若通过广播机制不能将两个数组转换成相同的形状，则不能运算。

广播机制的规则是,比较两个数组的 shape,从 shape 的尾部开始一一比对。

(1)如果两个数组的维度相同,对应位置上轴的长度相同或其中一个的轴长度为 1,则广播兼容,则可在轴长度为 1 的轴上进行广播机制处理。

(2)如果两个数组的维度不同,那么先给低维度的数组前扩展提升一维,扩展维的轴长度为 1,然后在扩展出的维上进行广播机制处理。

【例 8.23】 维度不同的数组广播示例。

程序代码如下:

```
#例8.23
#维度不同的广播
import numpy as np

a = np.arange(1, 16).reshape([3, 5])
print(a)
print('a 数组的形状为: ', a.shape)
print('a 数组的维度为: ', a.ndim)

b = np.array([2, 3, 4, 5, 6])
print(b)
print('b 数组的形状为: ', b.shape)
print('b 数组的维度为: ', b.ndim)
print('a + b = \n', a + b)
```

程序运行结果如下:

```
[[1 2 3 4 5]
 [6 7 8 9 10]
 [11 12 13 14 15]]
a 数组的形状为: (3, 5)
a 数组的维数为: 2
[2 3 4 5 6]
b 数组的形状为: (5,)
b 数组的维数为: 1
a + b =
 [[ 3  5  7  9 11]
 [ 8 10 12 14 16]
 [13 15 17 19 21]]
```

【例 8.24】 维度相同的数组广播示例。

程序代码如下:

```
#例8.24
#维度相同
import numpy as np

a = np.array([[1], [2], [3]])  #3*1
b = np.arange(6).reshape(3, 2)  #3*2

print('a 数组为: ', a)
print('b 数组为: ', b)
print('a + b = \n', a + b)
```

程序运行结果如下:

```
a 数组为: [[1]
 [2]
 [3]]
b 数组为: [[0 1]
 [2 3]
 [4 5]]
a + b =
 [[1 2]
 [4 5]
 [7 8]]
```

【**例 8.25**】 行数为 1 的数组与列数为 1 的数组广播示例。

程序代码如下:

```
#例8.25
import numpy as np

a = np.arange(1, 5)
b = np.arange(4, 7).reshape((3, 1))
print(a)
print(b)
print(a + b)
```

程序运行结果如下:

```
[1 2 3 4]
[[4]
 [5]
 [6]]
[[ 5  6  7  8]
 [ 6  7  8  9]
 [ 7  8  9 10]]
```

8.5.2　数组的比较运算

这里只讨论数组与标量的比较运算,运算时将数组中的每个元素与标量进行比较运算,结果返回一个由布尔型数据组成的数组。同时我们可以将该比较运算的结果数组当作访问数组元素的条件,条件选择数组元素。

【例 8.26】　创建一个 numpy 数组,将该数组与一个标量比较,并用该比较结果筛选出满足条件的数组元素。

程序代码如下:

```
#例8.26
import numpy as np

arr1 = np.random.random(6)      #产生一个包含 6 个元素的随机数数组

print('arr1 = \n', arr1)

print('比较的结果: \n', arr1 > 0.5)      #数组与 0.5 比较,返回一个布尔型数据组成的
数组

print('选出 arr1 中值大于 0.5 的元素: \n', arr1[arr1 > 0.5])      #选出满足条件的元
素

arr2 = arr1.reshape(2,3)
print('变形后的数组 arr2=\n', arr2)
print('选出 arr2 中值大于 0.5 的元素: \n', arr1[arr1 > 0.5])      #选出满足条件的元
素, 得到的结果为一个一维数组
```

程序运行结果如下:

```
arr1 =
 [0.28768417 0.6756795 0.44927821 0.18983838 0.74022574 0.26120076]
比较的结果:
 [False True False False True False]
选出 arr1 中值大于 0.5 的元素:
 [0.6756795  0.74022574]
变形后的数组 arr2=
 [[0.28768417 0.6756795 0.44927821]
 [0.18983838 0.74022574 0.26120076]]
选出 arr2 中值大于 0.5 的元素:
 [0.6756795  0.74022574]
```

8.5.3 where() 函数

我们除了可以用比较运算生成条件直接查找数组元素,还可以用 where() 函数查找。其语法形式如下:

```
where(condition, [x, y])
```

如果函数只有 condition 参数,则函数返回满足条件的元素下标,这里的坐标以元组的形式给出,通常原数组有多少维,输出的元组中就包含几个数组,数组的元素为对应符合条件的元素的各维坐标;如果函数有 3 个参数,则它等价于一个三元表达式:x if condition else y,即当条件满足函数返回 x,否则返回 y。

【例 8.27】 创建一个 numpy 数组,利用 where() 筛选满足条件的元素。

程序代码如下:

```
#例 8.27
import numpy as np

np.random.seed(100)
arr1 = np.random.randint(60, 101, size = 10)
#arr1 = np.random.randint(60, 101, size = (2, 5))
print(arr1)

res1 = np.where(arr1 > 80)
print('值大于 80 的元素下标: \n', res1)   #查找值大于 80 的元素,返回对应的下标

res2 = np.where(arr1 > 80, arr1, 0)   #查找值大于 80 的元素,不满足条件的值改为 0
print(res2)
```

程序运行结果如下:

```
[68 84 63 99 83 75 70 90 94 62]
值大于 80 的元素下标:
(array([1, 3, 4, 7, 8], dtype=int64),)
[ 0 84  0 99 83  0  0 90 94  0]
```

8.5.4 数组的统计运算

numpy 提供了很多用于统计分析的函数。当对二维数组进行统计运算时,如果不指定轴向,则默认统计整个数组;如果指定参数 axis＝0,则表示沿着纵轴计算;当指定参数 axis＝1,则表示沿着横轴计算。表 8—4 列出了 numpy 常用的统计函数。

表 8—4　　　　　　　　　　　　　　**numpy 常用的统计函数**

函　数	功　能
sum()	求和
prod()	求乘积
mean()	算术平均值
min()、max()	求最小值、最大值
std()、var()	求标准差、分差
argmin()、argmax()	返回最小值、最大值的索引
cumsum()	计算累计和
cumprod()	计算累计积

【例 8.28】 numpy 数组统计函数示例。

程序代码如下：

```
#例 8.28
import numpy as np

np.random.seed(1)   #设置随机种子
arr = np.random.randint(50, 101, (4, 5))   #生成值介于 50～100 的 4×5 二维随机
数组

print('创建数组：\n', arr)
print('数组的所有元素和：', np.sum(arr))
print('数组纵轴的积：', np.prod(arr, axis = 0))
print('数组横轴的平均值：', np.mean(arr, axis = 1))
print('数组纵轴最大值：', np.max(arr, axis = 0))
print('数组纵轴最大值的索引：', np.argmax(arr, axis = 0))
print('数组横轴的累计和：', np.cumsum(arr, axis = 1))   #返回一个由中间结果组成
的数组
print('数组纵轴的累计积：', np.cumprod(arr, axis = 0))    #返回一个由中间结果组
成的数组
```

程序运行结果如下：

```
创建数组：
 [[ 87  93  62  58  59]
 [ 61  55  65  50  66]
 [ 51  62  57  95  56]
 [ 75 100  70  87  68]]
数组的所有元素和： 1377
数组纵轴的积： [20299275 31713000 16079700 23968500 14828352]
数组横轴的平均值： [71.8 59.4 64.2 80.0 ]
```

```
数组纵轴最大值： [87 100 70 95 68 ]
数组纵轴最大值的索引： [0 3 3 2 3]
数组横轴的累计和： [[ 87 180 242 300 359]
 [ 61 116 181 231 297]
 [ 51 113 170 265 321]
 [ 75 175 245 332 400]]
数组纵轴的累计积： [[       87        93        62        58        59]
 [     5307      5115      4030      2900      3894]
 [   270657    317130    229710    275500    218064]
 [20299275 31713000 16079700 23968500 14828352]]
```

8.5.5　数组的点积运算

numpy 中可以用 dot() 函数进行点积运算。点积运算时，如果两个数组是长度相同的一维数组，则运算结果为两个数组对应位置上的元素乘积之和，即向量内积；如果两个数组是形状分别为(m,k)和(k,n)的二维数组，则表示矩阵相乘，其运算结果是形状为(m,n)的二维数组，这种情况与 numpy 的 matmul() 函数计算结果等价。

【例 8.29】　numpy 数组点积运算示例。

程序代码如下：

```
#例8.29
import numpy as np

a = np.array([1, 2, 3])
b = np.array([4, 5, 6])
print('a与b的内积为: ', np.dot(a, b))

c = np.array([[1, 2, 3], [4, 5, 6]])   #为2*3的二维数组
d = np.array([[1, 2], [2, 4], [3, 6]])   #为3*2的二维数组
print('c与d的点积结果为: ', np.dot(c, d))
print('c与d的点积结果为: ', np.matmul(c, d))
```

程序运行结果如下：

```
a与b的内积为: 32
c与d的点积结果为: [[14 28]
 [32 64]]
c与d的点积结果为: [[14 28]
 [32 64]]
```

8.5.6　数组的排序

使用 numpy 对象的 sort() 方法或 numpy 中的 sort() 函数可以对数组进行排序，前者

是原地排序,会改变原数组中元素的位置;后者会返回新的排序结果,不会影响原数组中元素的位置。如果要返回排序后的元素在原数组中的索引,则可以使用 arg()方法或 argsort()函数。

对二维数组排序时,如果不指定 axis 参数,则沿着横轴排序;当指定参数 axis=0,则表示沿着纵轴排序;当指定参数 axis=1,则表示沿着横轴排序;如果使用 sort()函数排序时,还可以指定参数 axis=None,则会将数组展平成一维数组再排序,结果返回一维数组。注意:默认按升序排序。

【例 8.30】 numpy 数组排序示例。

程序代码如下:

```
#例 8.30
import numpy as np

np.random.seed(10)


arr = np.random.randint(10, 31, (3, 5))      #创建一个值介于 10～31 的 3×5 的二
维随机数组
print('原始数组: \n', arr)


arr1 = arr.copy()   #复制一个数组
print('\n 使用 numpy 对象的 sort()方法实现排序')
print('*' * 50)
print('arr1 原始数组: \n', arr1)
arr1.sort()   #使用数组对象的方法排序,是原地排序,会修改原数组内容,不指定 axis 参数,
按横轴排序
print('排序后原数组将被修改: \n', arr1)


print('\n 使用 sort()函数实现排序')
print('*' * 50)
print('不指定 axis 参数,则按横向排序,排序结果: \n', np.sort(arr))
print('指定 axis 参数为 0,则按纵向排序,排序结果: \n', np.sort(arr, axis = 0))
print('指定 axis 参数为 1,则按横向排序,排序结果: \n', np.sort(arr, axis = 1))
print('指定 axis 参数为 None,则按展平后排序,排序结果: \n', np.sort(arr, axis =
None))


print('\n 使用 argsort()函数获得排序后的元素在原数组中的索引')
print('*' * 50)
print('原始数组: \n', arr)


sort_index = np.argsort(arr)
print('排序后的元素在原数组中的索引: \n', sort_index)
print('获取排序后第一行数据: \n', arr[0,sort_index[0]])
```

程序运行结果如下：

```
原始数组：
 [[19 14 25 10 27]
 [26 27 18 19 10]
 [20 18 14 29 26]]

使用 numpy 对象的 sort() 方法实现排序
********************************************
arr1 原始数组：
 [[19 14 25 10 27]
 [26 27 18 19 10]
 [20 18 14 29 26]]
排序后原数组将被修改：
 [[10 14 19 25 27]
 [10 18 19 26 27]
 [14 18 20 26 29]]

使用 sort() 函数实现排序
********************************************
不指定 axis 参数，则按横向排序，排序结果：
 [[10 14 19 25 27]
 [10 18 19 26 27]
 [14 18 20 26 29]]
指定 axis 参数为 0，则按纵向排序，排序结果：
 [[19 14 14 10 10]
 [20 18 18 19 26]
 [26 27 25 29 27]]
指定 axis 参数为 1，则按横向排序，排序结果：
 [[10 14 19 25 27]
 [10 18 19 26 27]
 [14 18 20 26 29]]
指定 axis 参数为 None，则按展平后排序，排序结果：
 [10 10 14 14 18 18 19 19 20 25 26 26 27 27 29]

使用 argsort() 函数获得排序后的元素在原数组中的索引
********************************************
原始数组：
 [[19 14 25 10 27]
 [26 27 18 19 10]
 [20 18 14 29 26]]
排序后的元素在原数组中的索引：
 [[3 1 0 2 4]
 [4 2 3 0 1]
 [2 1 0 4 3]]
```

```
获取排序后第一行数据：
 [10 14 19 25 27]
[ 3  9  1 12  7 11  0  8 10  2  5 14  4  6 13]
使用该索引访问数组，结果为：
 [10 10 14 14 18 18 19 19 20 25 26 26 27 27 29]
```

8.5.7　数组元素的去重

在 numpy 中，可以通过 unique()函数对数组元素进行去重操作，其功能是找到数组中唯一值并返回已排序后的结果，即便操作的是任意维数组，最终都返回一维数组。

【例 8.31】 numpy 数组去重示例。

程序代码如下：

```
#例 8.31
import numpy as np

arr = np.array([1, 1, 2, 3, 2, 4, 5, 5, 4, 3])
arr1 = arr.reshape(2, 5)

print('arr 数组：\n', arr)
print('arr1 数组：\n', arr1)
print('arr 原始数组去重后的结果：\n', np.unique(arr))
print('arr1 原始数组去重后的结果：\n', np.unique(arr1))
```

程序运行结果如下：

```
arr 数组：
 [1 1 2 3 2 4 5 5 4 3]
arr1 数组：
 [[1 1 2 3 2]
 [4 5 5 4 3]]
arr 原始数组去重后的结果：
 [1 2 3 4 5]
arr1 原始数组去重后的结果：
 [1 2 3 4 5]
```

➡ **本章小结** ···

本章介绍了 numpy 一维数组和二维数组的创建与使用方法，其主要内容如下：

(1)numpy 数组的 ndarray 对象及相关属性。

(2)numpy 数组的不同创建方法及查看 numpy 数组相关属性的方法。

(3)numpy 数组的元素访问可以使用索引访问、切片访问、列表作为下标访问和布尔型索引访问等方法。

(4)numpy 数组的修改包括增加、删除和修改数组元素,还可以改变数组的形状及不同数组的合并等。

(5)numpy 数组支持算术运算、比较运算、统计运算和点击运算,统计运算时,既可以按整个数组运算,也可以按不同的轴向运算。

(6)numpy 数组不同轴向的排序及去重。

练习题

1. 单选题

(1)numpy 的数据结构是(　　)。

A. 嵌套的列表　　　　　　　　　　B. 包含多个数字的列表

C. 二维表格　　　　　　　　　　　D. 多维数组

(2)np 是 numpy 模块的别名。执行 np. array(range(5)),返回的结果是(　　)。

A. [1,2,3,4,5]　　　　　　　　　　B. [5]

C. (5)　　　　　　　　　　　　　　D. array([0,1,2,3,4])

(3)np 是 numpy 模块的别名。执行 np. arange(5),返回的结果是(　　)。

A. [1,2,3,4,5]　　　　　　　　　　B. [5]

C. (5)　　　　　　　　　　　　　　D. array([0,1,2,3,4])

(4)若要创建元素全为 0 的数组,可以使用的 numpy 函数是(　　)。

A. zeros　　　　　B. ones　　　　　C. rand　　　　　D. identity

(5)以下关于 numpy 数组的说法,正确的是(　　)。

A. 数组不支持布尔型索引访问

B. 数组创建后其形状不能改变

C. 访问数组元素时下标放在圆括号"()"中

D. 数组支持索引、切片和列表作为下标访问数组元素

(6)np 是 numpy 模块的别名。若 a=np. array([[1,2],[3,4],[5,6]]),则 a. shape 的结果是(　　)。

A. [2,3]　　　　　　B. (2,3)　　　　　C. [3,2]　　　　　D. (3,2)

(7)np 是 numpy 模块的别名。若 a=np. array([[12]]),则 a. shape 的结果为(　　)。

A. [12]　　　　　　B. (12)　　　　　C. [1,1]　　　　　D. (1,1)

(8)np 是 numpy 模块的别名。若 a=np. array([12]),则 a. shape 的结果为(　　)。

A. [12]　　　　　　B. (12)　　　　　C. (1,)　　　　　D. (1,1)

(9)以下关于 numpy 数组的说法,正确的是(　　)。

A. 数组中只能存储数字,不能存储字符串

B. 数组的形状是可以变换的

C. 数组的每个轴的长度是不能改变的

D. 数组的维度数表示数组元素的数量

(10)np 是 numpy 模块的别名。若 a＝np. array([1,3,5,7,9]),则 a[1:3]的结果是(　　)。

A. array([3,5])　　B. [3,5]　　　　C. [1,3]　　　　D. [1,3,5]

(11)np 是 numpy 模块的别名。若 a＝np. array([1,3,5,7,9]),则 a[－1]的结果是(　　)。

A. 1　　　　　　B. 9　　　　　　C. [1,3,5,7]　　D. 报错

(12)np 是 numpy 模块的别名。若 a＝np. array([[11,12,13,14],[15,16,17,18]]),则 a[1,3]的结果是(　　)。

A. 13　　　　　　B. 18　　　　　C. [11,12,13]　　D. [15,16,17]

(13)np 是 numpy 模块的别名。若 a＝np. array([[11,12,13,14],[15,16,17,18]]),则 a[1,1:3]的结果是(　　)。

A. array([11,12,13])　　　　B. array([15,16,17])

C. array([11,13])　　　　　D. array([16,17])

(14)np 是 numpy 模块的别名。若 a＝np. array([[11,12,13,14],[15,16,17,18]]),则 a[a＞16]的结果是(　　)。

A. True　　　　B. False　　　　C. [17,18]　　　D. array([17,18])

(15)a 为 numpy 数组对象,执行 a. shape 的结果为(5,),以下说法正确的是(　　)。

A. a 的维度为 5,a 的大小为 1　　B. a 的维度为 1,a 的大小为 5

C. a 的维度为 2,a 的大小为 5　　D. a 的维度和大小都是 5

(16)以下关于数组对象的 reshape 方法的描述中,错误的是(　　)。

A. reshape 方法可以改变数组对象的大小

B. reshape 方法可以将一维数组变换为二维数组

C. reshape 方法可以将二维数组变换为一维数组

D. 执行 reshape 方法后会返回一个新数组

(17)np 是 numpy 模块的别名。若 a＝np. array((2,4,6)),则 a＊＊2 完成的操作是(　　)。

A. 数组中的每个元素乘以 2　　　B. 数组中的第一个元素乘以 2

C. 计算数组中每个元素的 2 次方　　D. 用数组中的每个元素作为 2 的幂次方

(18)以下关于 numpy 数组与列表的说法,错误的是(　　)。

A. 列表可以转换为 numpy 数组

B. 数组和列表都支持切片访问

C. 数组支持布尔型索引访问,列表不支持

D. 数组和列表都可以有多个维度

(19)导入 numpy 库并命名为 np,然后建立一个数组对象 a,要求分别使用 Python 内置函数 sum、numpy 库中的 min 函数、数组对象的 sort 方法,对数组 a 进行操作,正确的语句是(　　)。

A. sum(a)、min(a)、sort(a)

B. sum(a)、np. min(a)、a. sort()

C. sum(a)、numpy. min(a)、a. sort()

D. Python. sum(a)、np. min(a)、sort(a)

(20)np 是 numpy 模块的别名。若 a1＝np. array([[1,2,3]]), a2＝np. array([[4,5,6]]),则执行 a＝np. concatenate((a1,a2),axis=1)后,数组 a 的形状是(　　)。

A. 6　　　　　　　B. (1,6)　　　　　　C. (3,2)　　　　　　D. (2,3)

2. 编程题

假设某超市有一张销售表记录了某年 12 个月的日用品、服装、家用电器、化妆品、食品这 5 类商品的销量,假设销量的数值范围为 30～90。

要求:利用 numpy 数组完成以下操作。

(1)使用随机数模拟该销售表,并存储在数组中。

(2)查询 6 月服装的销量。

(3)查询 1 月、2 月、5 月、7 月这 4 个月的服装、家用电器和化妆品的销量。

(4)查询大于或等于 80 的销量和相应的月份。

(5)按各种销售类别的销量排序。

(6)按每个月的销量排序。

(7)计算每类销售产品的平均销量、最高销量和最低销量。

(8)计算每个月的最高销量和最低销量。

(9)查询最低销量及相应的销售月份和对应的产品。

(10)查询最高销量及相应的销售月份和对应的产品。

pandas 数据处理与分析

pandas 库是一个基于 numpy 库开发的 Python 库,它在 numpy 的基础上进一步提供了很多数据分析和数据处理的方法,是 Python 数据分析必不可少的工具之一。pandas 自诞生后被应用于众多的领域,比如金融、统计学、社会科学、建筑工程等。

9.1 pandas 基本数据结构

pandas 和 numpy 一样是 Python 的扩展库,使用之前也需先安装,安装命令如下:

```
pip install pandas
```

安装后要使用 pandas,要先导入,常用的导入格式如下:

```
import pandas as pd
```

pandas 为 Python 数据分析提供了性能高,且易于使用的两种数据结构,即 Series 和 DataFrame。其中 Series 是带标签的一维数据结构,DataFrame 是带标签的二维数据结构。

9.1.1 Series 结构

Series 结构,是一种类似于一维数组的结构,由一组标签(index)和一组数据值(values)组成,标签(也称索引)与数据值之间是一一对应的关系。标签在默认情况下为正整数,从 0 开始依次递增,表示数据的位置编号;也可以为标签定义一个标识符,这种形式类似于字典的"键-值"对结构,每个标签作为键。我们可以通过标签(索引)访问 Series 结构中的数据。

Series 结构可以保存任何类型的数据,比如整数、字符串、浮点数、Python 对象等。

1. 创建 Series 对象

利用 Python 中的列表、元组、字典、range 对象或 numpy 一维数组等可以创建一个 Series 对象。其创建的语法形式如下:

```
s = pandas.Series(data, index=None, dtype=None, copy=False)
```

主要参数说明：

(1)data：传入的数据，可以是列表、常量、ndarray 数组等。

(2)index：索引，它必须是唯一的，且与 data 的长度相同，如果没有传递索引参数，则默认自动创建一个 0～N 的整数索引。

(3)dtype：数据类型，如果没有提供，则会自动判断得出。

(4)copy：表示是否拷贝 data，默认为 False。

【例 9.1】 使用不同的方法创建 Series 对象示例。

程序代码如下：

```
#例9.1
import numpy as np
import pandas as pd

# 1) 利用 numpy 的一维数组创建
data = np.array([95, 70, 88, 65])
idx = ['Python 程序设计', '操作系统', '数据结构', '数据库']
s1 = pd.Series(data)
s2 = pd.Series(data, index = idx)
print('1) 利用 numpy 的一维数组创建 Series 对象')
print('-' * 50)
print('如果没有传index参数，则默认自动创建一个 0～N 的整数索引。')
print('s1 = \n', s1)
print('可以传 index 参数，为每个数据添加标签。')
print('s2 = \n', s2)

# 2) 利用列表创建
data = [95, 70, 88, 65]
s3 = pd.Series(data, index = idx)
print('\n2) 利用列表创建 Series 对象，并指定标签')
print('-' * 50)
print('s3 = \n', s3)

# 3) 利用字典创建
dic = {'Python 程序设计':95, '操作系统':70, '数据结构':88, '数据库':65}
s4 = pd.Series(dic)
print('\n3) 利用字典创建 Series 对象')
print('-' * 50)
print('s4 = \n', s4)
```

程序运行结果如下：

1）利用 numpy 的一维数组创建 Series 对象

如果没有传 index 参数，则默认自动创建一个 0～N 的整数索引。

```
s1 =
0    95
1    70
2    88
3    65
dtype: int32
```

可以传 index 参数，为每个数据添加标签。

```
s2 =
Python 程序设计    95
操作系统    70
数据结构    88
数据库    65
dtype: int32
```

2）利用列表创建 Series 对象，并指定标签

```
s3 =
Python 程序设计    95
操作系统    70
数据结构    88
数据库    65
dtype: int64
```

3）利用字典创建 Series 对象

```
s4 =
Python 程序设计    95
操作系统    70
数据结构    88
数据库    65
dtype: int64
```

　　2. 访问 Series 对象数据

　　创建 Series 对象后，可以用 Series 对象名. index 和 Series 对象名. values，查看 Series 对象所有的索引和数据。

　　如果要访问对象的具体元素，则访问方法类似于 numpy 数组，可以使用索引、切片或列表作为下标访问。

　　【例 9.2】　利用例 9.1 创建的 Series 对象，查看 Series 对象的索引及元素值，并用索引、切片及列表作为下标等方法访问 Series 对象的元素。

　　程序代码如下：

```
#例9.2
print('获取 s1 的索引：', s1.index)
print('-' * 50)
print('获取 s2 的索引：', s2.index)
print('-' * 50)
print('获取 s3 的所有值：', s3.values)

print('-' * 50)
print('利用位置索引，获取 s1 的"操作系统"成绩：', s1[1])
print('-' * 50)
print('利用位置切片索引，获取 s1 的前三门课程的成绩：\n', s1[:3])
print('-' * 50)

print('利用标签列表索引，获取 s2 的"操作系统"和"数据库"成绩：\n',s2[['操作系统',
'数据库']])
print('-' * 50)

print('获取 s3 中大于等于 80 的成绩：\n', s3[s3 >= 80])
```

程序运行结果如下：

```
获取 s1 的索引： RangeIndex(start=0, stop=4, step=1)
--------------------------------------------------
获取 s2 的索引： Index(['Python 程序设计','操作系统','数据结构','数据库'],
dtype='object')
--------------------------------------------------
获取 s3 的所有值： [95 70 88 65]
--------------------------------------------------
利用位置索引，获取 s1 的"操作系统"成绩： 70
--------------------------------------------------
利用位置索引，获取 s1 的前三门课程的成绩：
0    95
1    70
2    88
dtype: int32
--------------------------------------------------
利用标签索引，获取 s2 的"操作系统"和"数据库"成绩：
操作系统    70
数据库     65
dtype: int32
--------------------------------------------------
获取 s3 中大于等于 80 的成绩：
Python 程序设计    95
数据结构          88
dtype: int64
```

3. Series 对象的常用操作

我们不仅可以对 Series 对象进行增加元素、修改值操作，也可以利用 Python 内置函数、运算符及 Series 对象方法操作 Series 对象，还可以用 head(n) 和 tail(n) 方法查看 Series 对象的前 n 个和末尾 n 个元素。

【例 9.3】　对例 9.1 创建的 Series 对象进行增加元素、修改值、求平均值等操作。

程序代码如下：

```
#例 9.3
print('可以用赋值方式直接修改元素的值')
s2['数据库'] = 99
print('将 s2 中"数据库"成绩改为 99 分后的 s2:\n', s2)


print('-' * 50)
print('如果指定的要赋值的索引不存在,则将该值添加进去')
s2['网络技术'] = 75
print('将"网络技术"课程添加进 s2:\n', s2)


print('-' * 50)
print('s2 中所有课程的平均分(保留 1 位小数)为: ', round(s2.mean(), 1))


print('-' * 50)
print('查看 s2 中前 2 门课程的成绩:\n', s2.head(2))
print('-' * 50)
print('查看 s2 中末尾 2 门课程的成绩:\n', s2.tail(2))
```

程序运行结果如下：

```
可以用赋值方式直接修改元素的值
将 s2 中"数据库"成绩改为 99 分后的 s2:
Python 程序设计    95
操作系统    70
数据结构    88
数据库    99
dtype: int64
--------------------------------------------------
如果指定的要赋值的索引不存在,则将该值添加进去
将"网络技术"课程添加进 s2:
Python 程序设计    95
操作系统    70
数据结构    88
数据库    99
网络技术    75
dtype: int64
--------------------------------------------------
```

```
s2 中所有课程的平均分(保留 1 位小数)为： 85.4
-----------------------------------------------------
查看 s2 中前 2 门课程的成绩:
Python 程序设计      95
操作系统          70
dtype: int64
-----------------------------------------------------
查看 s2 中末尾 2 门课程的成绩:
数据库       99
网络技术      75
dtype: int64
```

9.1.2 DataFrame 结构

DataFrame 结构是一个二维表格,由 index(行索引或行标签)、columns(列索引或列标签)和 values(值)三部分组成。DataFrame 的一行称为一条记录(或样本),一列称为一个字段(或属性)。

DataFrame 中每一列数据都可以看作一个 Series 结构,相当于 DataFrame 为这些列增加了一个列标签。不同的列数据类型不同。

DataFrame 中的行和列都有一个索引,用来标识一行和一列,前者称为 index,后者称为 columns,系统默认使用正整数作为索引,也可以自定义标识符作为行标签和列标签。一般列标签被称为"字段名"。

1. 创建 DataFrame 对象

利用 Python 中的二维列表、字典、numpy 二维数组等可以创建一个 DataFrame 对象。其创建的语法形式如下:

```
df = pandas.DataFrame(data, index = None, columns = None, dtype = None, copy = False)
```

主要参数说明:

(1)data:传入的数据,可以是列表、常量、ndarray 数组等。

(2)index:行索引,必须是唯一的,且与 data 的长度相同,如果没有传递行索引参数,则默认自动创建一个 0~N 的整数索引。

(3)columns:列索引,如果没有传递列索引参数,则默认自动创建一个 0~N 的整数索引。

(4)dtype:数据类型,如果没有提供,则会自动判断得出。

(5)copy:表示是否拷贝 data,默认为 False。

【例 9.4】　通过列表、字典创建 DataFrame 对象示例。

程序代码如下：

```
#例9.4
import pandas as pd

# 1) 通过列表创建
data = [
    [90, 85, 77],
    [88, 89, 78],
    [70, 65, 82],
    [87, 80, 90]
]

print('1) 通过列表创建')
print('没有指定行标签和列标签')
df1 = pd.DataFrame(data)
print('生成的 DataFrame 对象df1为: \n', df1)
print('-' * 50)

print('指定行标签和列标签')
row = ['张三', '李四', '王五', '赵六']
col = ['数据库', '数据结构', 'Python 数据分析']
df2 = pd.DataFrame(data, index = row, columns = col)
print('生成的 DataFrame 对象df2为: \n', df2)
print('=' * 50)

# 2) 通过字典创建

data = {
    '数据库':[90, 88, 70, 87],
    '数据结构':[85, 89, 65, 80],
    'Python 数据分析':[77, 78, 82, 90]
}
print('通过字典创建')
df3 = pd.DataFrame(data, index = row)
print('通过字典创建的 DataFrame 对象为: \n', df3)
```

程序运行结果如下：

```
1) 通过列表创建
没有指定行标签和列标签
生成的 DataFrame 对象 df1 为:
     0   1   2
0  90  85  77
1  88  89  78
2  70  65  82
3  87  80  90
-----------------------------------------------
指定行标签和列标签
生成的 DataFrame 对象 df2 为:
       数据库   数据结构   Python 数据分析
张三     90      85          77
李四     88      89          78
王五     70      65          82
赵六     87      80          90
===============================================
2) 通过字典创建
通过字典创建的 DataFrame 对象为:
       数据库   数据结构   Python 数据分析
张三     90      85          77
李四     88      89          78
王五     70      65          82
赵六     87      80          90
```

2. DataFrame 对象的属性

我们通过 DataFrame 对象的属性可以查看数据的行标签、列标签、值数据类型、形状、样本数量和列数量等信息。

【例 9.5】 利用例 9.4 创建的 DataFrame 对象,查看 DataFrame 对象的相关属性。

程序代码如下:

```
#例 9.5
print('成绩表: \n', df3)

print('成绩表的形状: ', df3.shape)
print('成绩表的行标签: ', df3.index)
print('成绩表的列标签: ', df3.columns)
print('成绩表的列数: ', df3.columns.size)
print('成绩表的样本数: ', len(df3))
print('所有学生的所有成绩为: \n', df3.values)
```

程序运行结果如下:

```
成绩表:
       数据库   数据结构   Python 数据分析
张三    90        85          77
李四    88        89          78
王五    70        65          82
赵六    87        80          90
成绩表的形状: (4, 3)
成绩表的行标签: Index(['张三', '李四', '王五', '赵六'], dtype='object')
成绩表的列标签: Index(['数据库','数据结构','Python 数据分析'], dtype='object')
成绩表的列数: 3
成绩表的样本数: 4
所有学生的所有成绩为:
 [[90 85 77]
 [88 89 78]
 [70 65 82]
 [87 80 90]]
```

9.1.3　访问 DataFrame 对象数据

在数据分析中,选取需要的数据进行分析处理是最基本的操作。DataFrame 对象是一个二维的表格结构,与二维数组类似,通过下标或布尔型索引访问数据。

1.选取列数据

我们可以通过列标签索引或列标签列表作为下标选取 DataFrame 对象的列数据。注意:选取列时不能使用切片方式。

【例 9.6】　创建 DataFrame 对象,选取 DataFrame 对象的列数据。

程序代码如下:

```
#例 9.6
import pandas as pd

data = [
    [90, 85, 77],
    [88, 89, 78],
    [70, 65, 82],
    [87, 80, 90]
]
row = ['张三', '李四', '王五', '赵六']
col = ['数据库', '数据结构', 'Python 数据分析']
df = pd.DataFrame(data, index = row, columns = col)

print('所有同学的成绩信息: \n', df)
print('-' * 50)
print('"数据结构"成绩: \n', df['数据结构'])
```

```
print('-' * 50)
print('"数据库"和"Python 数据分析"成绩:\n', df[['数据库','Python 数据分析']])
```

程序运行结果如下：

```
所有同学的成绩信息:
       数据库    数据结构    Python 数据分析
张三     90       85           77
李四     88       89           78
王五     70       65           82
赵六     87       80           90
--------------------------------------------------
"数据结构"成绩:
张三     85
李四     89
王五     65
赵六     80
Name: 数据结构, dtype: int64
--------------------------------------------------
"数据库"和"Python 数据分析"成绩:
       数据库    Python 数据分析
张三     90         77
李四     88         78
王五     70         82
赵六     87         90
```

2. 选取行数据

虽然我们可以使用行标签的切片选取行数据，但是一般使用 DataFrame 对象的 head(n)、tail(n)或 sample(n)方法，选取前 n 行、末尾 n 行数据或随机选取 n 行数据。

【例 9.7】 利用例 9.6 创建的 DataFrame 对象，选取其行数据。

程序代码如下：

```
#例 9.7
print('输出前 2 位同学的成绩: \n', df.head(2))
print('-' * 50)
print('输出末尾 2 位同学的成绩: \n', df.tail(2))
print('-' * 50)
print('随机抽取 3 位同学的成绩: \n', df.sample(3))
```

程序运行结果如下：

```
输出前 2 位同学的成绩:
       数据库    数据结构    Python 数据分析
张三     90       85           77
李四     88       89           78
--------------------------------------------------
```

```
输出末尾 2 位同学的成绩:
     数据库   数据结构   Python 数据分析
王五    70      65         82
赵六    87      80         90
------------------------------------------------
随机抽取 3 位同学的成绩:
     数据库   数据结构   Python 数据分析
李四    88      89         78
张三    90      85         77
王五    70      65         82
```

3.按标签选取数据

在 pandas 中,可以通过 loc 属性指定行标签和列标签选取多行、多列数据,其使用的语法形式如下:

```
DataFrame 对象名.loc[行标签，列标签]
```

说明:

(1)行标签和列标签不能是位置索引,只能是标签名。

(2)行标签和列标签可以使用单个标签索引、切片和列表。

(3)如果选取所有行,则行标签可表示为":"。

(4)如果选取所有列,则列标签可表示为":",也可以省略列标签。

(5)行标签还可以是条件表达式,表示把满足条件的数据筛选出来。

如果选取指定位置的单个数据,则可以通过 at 属性指定行标签和列标签选取数据,其使用的语法形式如下:

```
DataFrame 对象名.at[行标签，列标签]
```

注意:这里的行标签和列标签不能是切片、列表,只能是单个标签索引。

【例 9.8】　创建 DataFrame 对象,使用 loc()和 at()属性选取数据。

程序代码如下:

```
#例 9.8
import pandas as pd

data = [
    [90, 85, 77],
    [88, 89, 78],
    [70, 65, 82],
    [87, 80, 90]
]
row = ['张三', '李四', '王五', '赵六']
```

```
col = ['数据库', '数据结构', 'Python 数据分析']
df = pd.DataFrame(data, index = row, columns = col)

print('所有同学的成绩信息: \n', df)
print('-' * 50)
print('"数据结构"成绩: \n', df.loc[:, '数据结构'])
print('-' * 50)
print('"张三"和"王五"的"数据库"和"Python 数据分析"成绩: \n',df.loc[['张三',
'王五'], ['数据库','Python 数据分析']])
print('-' * 50)
print('选取"张三"的所有成绩: \n', df.loc['张三'])
print('-' * 50)
print('筛选出"数据结构"成绩大于 70 分的所有数据: \n',df.loc[df['数据结构'] > 70])
print('-' * 50)
print('筛选出"数据库"成绩介于 80～90 分的"数据库"数据: \n', df.loc[df['数据结
构'].between(80,90), '数据库'])
print('-' * 50)
print('选取"李四"的"数据结构"成绩: \n', df.at['李四', '数据结构'])
```

程序运行结果如下:

```
所有同学的成绩信息:
      数据库   数据结构   Python 数据分析
张三    90     85        77
李四    88     89        78
王五    70     65        82
赵六    87     80        90
--------------------------------------------------
"数据结构"成绩:
张三    85
李四    89
王五    65
赵六    80
Name: 数据结构, dtype: int64
--------------------------------------------------
"张三"和"王五"的"数据库"和"Python 数据分析"成绩:
      数据库   Python 数据分析
张三    90        77
王五    70        82
--------------------------------------------------
选取"张三"的所有成绩:
数据库            90
数据结构          85
Python 数据分析    77
Name: 张三, dtype: int64
--------------------------------------------------
```

```
筛选出"数据结构"成绩大于 70 分的所有数据:
       数据库    数据结构   Python 数据分析
张三     90       85            77
李四     88       89            78
赵六     87       80            90
----------------------------------------------------
筛选出"数据库"成绩介于 80 ~ 90 分的"数据库"数据:
张三     90
李四     88
赵六     87
Name: 数据库, dtype: int64
----------------------------------------------------
选取"李四"的"数据结构"成绩:
 89
```

4. 按位置索引选取数据

位置索引是指系统自动分配的从 0 开始的行编号或列编号。在 pandas 中,可以通过 iloc 属性指定行索引和列索引选取多行、多列数据,其使用的语法形式如下:

```
DataFrame 对象名.iloc[行位置索引, 列位置索引]
```

说明:

(1)行、列位置索引不能是标签名,只能是整数的位置索引。

(2)行、列位置索引可以使用单个索引、切片和列表。

(3)如果选取所有行,则行位置索引可表示为":"。

(4)如果选取所有列,则列位置索引可表示为":",也可以省略列位置索引。

如果选取指定位置的单个数据,则可以通过 iat 属性指定行位置索引和列位置索引选取数据,其使用的语法形式如下:

```
DataFrame 对象名.iat[行位置索引, 列位置索引]
```

同样地,这里的行、列位置索引不能是切片、列表,只能是单个位置索引。

【例 9.9】 创建 DataFrame 对象,使用 iloc()和 iat()属性选取数据。

程序代码如下:

```
#例 9.9
import pandas as pd

data = [
    [90, 85, 77],
    [88, 89, 78],
    [70, 65, 82],
```

```
        [87, 80, 90]
    ]
row = ['张三', '李四', '王五', '赵六']
col = ['数据库', '数据结构', 'Python 数据分析']
df = pd.DataFrame(data, index = row, columns = col)

print('所有同学的成绩信息：\n', df)
print('-' * 50)
print('"数据结构"成绩：\n', df.iloc[:, 1])
print('-' * 50)
print('"张三"和"王五"的"数据库"和"Python 数据分析"成绩：\n', df.iloc[[0, 2],[0,
2]])
print('-' * 50)
print('选取"张三"的所有成绩：\n', df.iloc[0])
print('-' * 50)
print('选取"李四"的"数据结构"成绩：\n', df.iat[1, 1])
```

程序运行结果如下：

```
所有同学的成绩信息：
        数据库    数据结构    Python 数据分析
张三      90      85        77
李四      88      89        78
王五      70      65        82
赵六      87      80        90
--------------------------------------------------
"数据结构"成绩：
张三      85
李四      89
王五      65
赵六      80
Name: 数据结构, dtype: int64
--------------------------------------------------
"张三"和"王五"的"数据库"和"Python 数据分析"成绩：
        数据库    Python 数据分析
张三      90      77
王五      70      82
--------------------------------------------------
选取"张三"的所有成绩：
数据库              90
数据结构            85
Python 数据分析     77
Name: 张三, dtype: int64
--------------------------------------------------
选取"李四"的"数据结构"成绩：
 89
```

9.1.4　时间序列索引

在 pandas 中,创建 Series 对象和 DataFrame 对象时都会用到索引,如果需要的数据与时间相关,可以使用时间序列作为索引。

时间序列是由时间构成的序列,是指在一定时间内按照时间顺序测量的某个变量的取值序列,比如一天内的温度随时间而发生变化,或者股票的价格随着时间不断地波动,这里的一系列时间,就可以看作时间序列。

在 pandas 中,使用 data_range()函数,根据指定的起止时间创建时间序列对象。其创建的语法形式如下:

```
index = pandas.data_range(start, end, periods, freq)
```

参数说明:

(1)start,end:时间序列的起始时间和终止时间。

(2)periods:时间序列中包含的数据数量。

(3)freq:时间间隔,默认为"D"(天),还可以是"W"(周)、"H"(小时)等。

(4)start,end,periods:这三个参数只需要指定其中两个。

【例 9.10】　时间序列作为 Series 对象和 DataFrame 对象的索引示例。

程序代码如下:

```python
#例 9.10
import pandas as pd
import numpy as np

idx = pd.date_range(start = '20220101', end = '20220107', freq = 'D')

print('生成的时间序列索引: \n', idx)
print('-' * 50)

data = range(7)
S = pd.Series(data = data, index = idx)
print('时间序列作为 Series 对象的索引: \n', S)
print('-' * 50)

data = np.random.randint(0, 101, size = (7, 4))
df = pd.DataFrame(data = data, index = idx, columns = ('A', 'B', 'C', 'D'))
print('时间序列作为 DataFrame 对象的索引: \n', df)
```

程序运行结果如下:

```
生成的时间序列索引:
DatetimeIndex(['2022-01-01', '2022-01-02', '2022-01-03', '2022-01-04',
               '2022-01-05', '2022-01-06', '2022-01-07'],
              dtype='datetime64[ns]', freq='D')
--------------------------------------------------
时间序列作为 Series 对象的索引:
2022-01-01    0
2022-01-02    1
2022-01-03    2
2022-01-04    3
2022-01-05    4
2022-01-06    5
2022-01-07    6
Freq: D, dtype: int64
--------------------------------------------------
时间序列作为 DataFrame 对象的索引:
            A   B   C   D
2022-01-01  46  86  61  49
2022-01-02  63  20  13  44
2022-01-03  50  51  81  43
2022-01-04  20  25  63  82
2022-01-05  25  87  88  79
2022-01-06  25  86  61  15
2022-01-07  73  92  45  83
```

9.1.5 修改 DataFrame 对象

1. 按列增加数据

我们通过赋值方式直接添加新的列,或用 insert()方法在指定位置添加新的列。

insert()方法使用的语法形式如下:

```
DataFrame 对象名.insert(loc, column, value)
```

参数说明:

(1)loc:值为整数,插入的位置(在 loc 值后面一列)。

(2)column:新列的标签名。

(3)value:列数据。

【例 9.11】 创建 DataFrame 对象,使用赋值方式和 insert()方法往 DataFrame 对象中增加新的列。

程序代码如下:

```
#例 9.11
import pandas as pd

pd.set_option('display.unicode.east_asian_width', True)      #解决数据输出时
列名不对称的问题

data = [
    [90, 85, 77],
    [88, 89, 78],
    [70, 65, 82],
    [87, 80, 90]
]
row = ['张三', '李四', '王五', '赵六']
col = ['数据库', '数据结构', 'Python 数据分析']
df = pd.DataFrame(data, index = row, columns = col)

print('所有同学的成绩信息: \n', df)
print('-' * 50)

df['操作系统'] = [80, 72, 69, 82]
print('用赋值方式增加了"操作系统"成绩: \n', df)
print('-' * 50)

data = [78, 50, 80, 77]
df.insert(2, '概率论', data)
print('用 insert 在第 2 列后面插入"概率论"成绩: \n', df)
```

程序运行结果如下:

```
所有同学的成绩信息:
      数据库  数据结构  Python 数据分析
张三    90     85        77
李四    88     89        78
王五    70     65        82
赵六    87     80        90
--------------------------------------------------
增加了"操作系统"创建:
      数据库  数据结构  Python 数据分析  操作系统
张三    90     85        77          80
李四    88     89        78          72
王五    70     65        82          69
赵六    87     80        90          82
--------------------------------------------------
```

在第 2 列后面插入"概率论"成绩：

	数据库	数据结构	概率论	Python 数据分析	操作系统
张三	90	85	78	77	80
李四	88	89	50	78	72
王五	70	65	80	82	69
赵六	87	80	77	90	82

2. 按行增加数据

我们用 loc 属性指定行标签，通过赋值形式新增行数据。

【例 9. 12】 创建 DataFrame 对象，使用 loc 属性往 DataFrame 对象增加新的行。

程序代码如下：

```python
#例 9.12
import pandas as pd

pd.set_option('display.unicode.east_asian_width', True)    #解决数据输出时列名不对称的问题

data = [
    [90, 85, 77],
    [88, 89, 78],
    [70, 65, 82],
    [87, 80, 90]
]
row = ['张三', '李四', '王五', '赵六']
col = ['数据库', '数据结构', 'Python 数据分析']
df = pd.DataFrame(data, index = row, columns = col)

print('所有同学的成绩信息: \n', df)
print('-' * 50)

df.loc['钱七'] = [90, 88, 77]
print('增加了"钱七"同学的成绩: \n', df)
```

程序运行结果如下：

```
所有同学的成绩信息:
       数据库  数据结构  Python 数据分析
张三      90     85          77
李四      88     89          78
王五      70     65          82
赵六      87     80          90
--------------------------------------------------
```

增加了"钱七"同学的成绩:

```
        数据库  数据结构  Python 数据分析
张三      90      85        77
李四      88      89        78
王五      70      65        82
赵六      87      80        90
钱七      90      88        77
```

3.修改数据

修改数据主要是使用 loc 属性选取要修改的数据后,再通过赋值修改。

4.删除数据

删除数据可以使用 DataFrame 对象的 drop()方法实现,其使用的语法形式如下:

```
DataFrame 对象名.drop(labels = None, axis = 0, index = None, columns = None,
inplace = False)
```

drop()方法参数较多,这里介绍常用的 5 个。

(1)labels:行标签或列标签。

(2)axis:若值为 0,则按行删除;若值为 1,则按列删除,默认值为 0。

(3)index:行标签或行标签列表(表示删除多行)。

(4)columns:列标签或列标签列表(表示删除多列)。

(5)inplace:布尔型参数,默认值为 False,表示不改动原 DataFrame 对象,生成一个新的 DataFrame 对象;如果值为 True,则表示原地删除数据。

【例 9.13】　创建 DataFrame 对象,使用 drop()方法删除行或列数据。

程序代码如下:

```
#例 9.13
import pandas as pd

pd.set_option('display.unicode.east_asian_width', True)    #解决数据输出时
列名不对称的问题

data = [
    [90, 85, 77],
    [88, 89, 78],
    [70, 65, 82],
    [87, 80, 90]
]
row = ['张三', '李四', '王五', '赵六']
col = ['数据库', '数据结构', 'Python 数据分析']
df = pd.DataFrame(data, index = row, columns = col)

print('所有同学的成绩信息: \n', df)
```

```
print('-' * 50)

print('删除列标签为"Python 数据分析"的列：\n', df.drop(labels = 'Python 数据
分析', axis = 1))
print('-' * 50)

print('删除"张三"和"王五"两位同学的成绩：\n', df.drop(['张三', '王五']))
print('-' * 50)

print('删除行标签为"张三"的行及列标签为"数据库"的列：\n', df.drop(index =
'张三',columns='数据库'))
```

程序运行结果如下：

```
所有同学的成绩信息：
        数据库    数据结构    Python 数据分析
张三      90      85          77
李四      88      89          78
王五      70      65          82
赵六      87      80          90
--------------------------------------------------
删除列标签为"Python 数据分析"的列：
        数据库    数据结构
张三      90      85
李四      88      89
王五      70      65
赵六      87      80
--------------------------------------------------
删除"张三"和"王五"两位同学的成绩：
        数据库    数据结构    Python 数据分析
李四      88      89          78
赵六      87      80          90
--------------------------------------------------
删除行标签为"张三"的行及列标签为"数据库"的列：
        数据结构    Python 数据分析
李四      89          78
王五      65          82
赵六      80          90
```

9.1.6 DataFrame 数据排序

DataFrame 数据可以按照索引排序，也可以按照值排序。

1. 按索引排序

使用 DataFrame 对象的 sort_index()方法对行索引或列索引排序，其使用的语法形式如下：

```
DataFrame 对象名.sort_index(axis = 0, ascending = True, inplace = False)
```

参数说明：

（1）axis：排序的方向，默认值为 0，表示按 index（行）排序；如果值为 1，则表示按 columns（列）排序。

（2）ascending：排序方式，默认值为 True，表示升序排序；如果值为 False，则表示降序排序。

（3）inplace：布尔型参数，默认值为 False，表示不改动原 DataFrame 对象，生成一个新的 DataFrame 对象；如果值为 True，则表示原地排序。

2. 按数值排序

使用 DataFrame 对象的 sort_values()方法可以按数值排序，其使用的语法形式如下：

```
DataFrame 对象名.sort_values(by, axis = 0, ascending = True, inplace = False,
na_position = 'last')
```

参数说明：

（1）by：需要排序的行标签或列标签，它既可以是单个标签，也可以是列表（表示对多个项目排序）。

（2）axis：排序的方向，默认值为 0，表示按 index（行）排序；如果值为 1，则表示按 columns（列）排序。

（3）ascending：排序方式，默认值为 True，表示升序排序；如果值为 False，则表示降序排序。

（4）inplace：布尔型参数，默认值为 False，表示不改动原 DataFrame 对象，生成一个新的 DataFrame 对象；如果值为 True，则表示原地排序。

（5）na_position：空值排序的位置，默认值为"last"，表示空值排在最后面；如果值为"first"，则表示空值排在最前面。

【例 9.14】　创建 DataFrame 对象，使用 sort_values()方法按照不同的要求对 DataFrame 对象排序。

程序代码如下：

```
#例9.14
import pandas as pd
import numpy as np

data = np.random.randint(10, 50, (5, 4))
df = pd.DataFrame(data, index=[100, 29, 234, 1, 150], columns=['D', 'B',
'C', 'A'])
print('原始数据:\n', df)
print('-' * 50)
```

```
print('按 index 排序: \n', df.sort_index())
print('-' * 50)

print('按 columns 降序排序: \n', df.sort_index(axis = 1, ascending = False))
print('-' * 50)

print('按行索引为"29"的行数据降序排序: \n', df.sort_values(by = 29, axis = 1,
ascending = False))
print('-' * 50)

print('按"A"和"B"两列数据升序排序:\n', df.sort_values(by = ['A','B'], axis =
0, ascending = True))
```

程序运行结果如下:

```
原始数据:
      D    B    C    A
100   47   23   46   41
29    24   32   49   19
234   22   24   25   48
1     11   20   42   35
150   15   34   36   47
--------------------------------------------------

按 index 排序:
      D    B    C    A
1     11   20   42   35
29    24   32   49   19
100   47   23   46   41
150   15   34   36   47
234   22   24   25   48
--------------------------------------------------

按 columns 降序排序:
      D    C    B    A
100   47   46   23   41
29    24   49   32   19
234   22   25   24   48
1     11   42   20   35
150   15   36   34   47
--------------------------------------------------

按行索引为"29"的行数据降序排序:
      C    B    D    A
100   46   23   47   41
29    49   32   24   19
234   25   24   22   48
1     42   20   11   35
150   36   34   15   47
--------------------------------------------------
```

```
按"A"和"B"两列数据升序排序:
      D   B   C   A
29   24  32  49  19
1    11  20  42  35
100  47  23  46  41
150  15  34  36  47
234  22  24  25  48
```

9.2　数据的导入与导出

数据分析的数据一般来源于外部数据,如常用的 csv 文件、Excel 文件或数据库文件等。pandas 将保存在上述文件中的外部数据导入后转换为 DataFrame 数据格式,然后进行数据处理,最后把处理结果保存到外部文件。

9.2.1　数据的导入

1. 导入 Excel 文件

在 pandas 中,使用 read_excel()函数导入 Excel 数据文件。其使用的语法形式如下:

```
pandas.read_excel(io, sheet_name=0, header=0, names=None, index_col=None,
usecols=None)
```

参数说明:

(1)io:需要读取的 Excel 文件,为字符串形式的文件路径。

(2)sheet_name:可以为 None、字符串、整数、字符串列表或整数列表,默认值为 0。当值为 None,表示读取所有工作表;当值为字符串,表示读取以该字符串命名的工作表;当值为整数,表示读取以该整数为索引的工作表,0 表示读取第一个工作表;当值为字符串列表或整数列表,表示读取该列表列出的多张工作表。

(3)header:指定作为 columns 的行,默认值为 0,表示工作表的第一行(表头行)作为 columns;如果工作表没有表头行,则该值必须设置成 None。

(4)names:用来设置 columns ,默认值为 None;如果读取的工作表没有表头行,则可以使用该参数来设置 columns;如果读取的工作表有表头行,并设置了该参数,则该参数的值设置为 columns 。

(5)index_col:可以是整数和整数列表,表示使用工作表的某一列或某几列作为 index,默认值为 0,表示第一列作为 index。

(6)usecols:表示读取工作表的某几列,默认值为 None,表示读取工作表的所有列。

2. 导入文本文件

文本文件可以看作存储在磁盘上的长字符串，扩展名为 txt、csv 等格式的文件都是常见的文本文件。在 pandas 中，使用 read_table() 函数和 read_csv() 函数读取 txt 文件和 csv 文件。它们的使用语法形式如下：

```
pandas.read_table(filepath_or_buffer,sep='\t',header='infer',names=None,
index_col=None, usecols=None)

pandas.read_csv(filepath_or_buffer, sep=',', header='infer',names=None,
index_col=None, usecols=None)
```

参数说明：

(1)filepath_or_buffer：需读取的文本文件，为字符串形式的文件路径。

(2)sep：文本文件中数据项之间的分隔符，read_table 默认为制表符；read_csv 默认为逗号。

其他参数的含义与 read_excel() 函数的相同。

【例 9.15】 导入 Excel 和 csv 文件示例。

程序代码如下：

```
#例 9.15
import pandas as pd

pd.set_option('display.unicode.ambiguous_as_wide', True)
pd.set_option('display.unicode.east_asian_width', True)

print('导入 Excel 文件：')
print('=' * 70)
df1 = pd.read_excel(r'D:\code\data\销售统计表.xlsx')
print('查看前 5 条数据：')
print(df1.head())

print('-' * 70)
print('导入 excel 文件，并指定"订单编号"作为 index：')
print('=' * 70)
df2 = pd.read_excel(r'D:\code\data\销售统计表.xlsx', index_col = 2)
print('查看前 5 条数据：')
print(df2.head())

print('-' * 70)
print('导入 csv 文件，并设定编码 encoding 为"gbk"：')
print('=' * 70)
df2 = pd.read_csv(r'D:\code\data\产品销售统计.csv', encoding = 'gbk')
print('查看前 5 条数据：')
print(df2.head())
```

程序运行结果如下：

```
导入 Excel 文件：
===================================================================
查看前 5 条数据：
    订单编号    订单日期      用户 ID   商品名称    单价    数量      金额
0  302001  2022-02-01  137401    袜子    21.60  12.0   259.20
1  302002  2022-02-01  177562    夹克   210.00   7.0  1470.00
2  302003  2022-02-01  133422    短裤    55.93  24.0  1342.32
3  302004  2022-02-01  138462    夹克   178.50  24.0  4284.00
4  302005  2022-02-01  158949    短裤    65.80  14.0   921.20

导入 Excel 文件，并指定"订单编号"作为 index：
===================================================================
查看前 5 条数据：
订单编号    订单日期      用户 ID   商品名称    单价    数量      金额
302001  2022-02-01  137401    袜子    21.60  12.0   259.20
302002  2022-02-01  177562    夹克   210.00   7.0  1470.00
302003  2022-02-01  133422    短裤    55.93  24.0  1342.32
302004  2022-02-01  138462    夹克   178.50  24.0  4284.00
302005  2022-02-01  158949    短裤    65.80  14.0   921.20

导入 csv 文件，并设定编码 encoding 为"gbk"：
===================================================================
查看前 5 条数据：
    产品名称    销售量(件)   销售额(元)   毛利率(%)
0   牛仔裤      125      6800       30
1   连衣裙      278      5600       20
2   运动裤      366      7800       35
3   短裤       452      5800       10
4   短裙       365      5400       50
```

9.2.2　数据的预览

导入数据后，通过 DataFrame 对象的属性和方法预览数据，初步了解数据的基本信息。常用的属性和方法如表 9—1 所示：

表 9—1　　　　　　　　　　　数据预览常用的属性或方法

属性或方法	功　能
shape	属性，查看形状
head(n)	方法，查看前 n 条数据，默认值为 5
tail(n)	方法，查看末 n 条数据，默认值为 5

属性或方法	功　　能
info()	方法,查看数据集的基本信息,包括记录数、字段数、字段名(列名)、字段数据类型、非空值数据的数量和内存使用情况等
describe()	方法,查看数据集的分布情况。数值型字段的信息包括记录数量、均值、标准差、最小值、最大值和四分位数等。文本型字段的信息包括记录数量、不重复值的数量、出现次数最多的值和最多值的频数等

【例 9. 16】　导入"D:\code\data"路径下的"销售统计表. xlsx"文件,查看数据集的相关属性、基本信息与分布情况。

程序代码如下:

```
#例 9.16
import pandas as pd

pd.set_option('display.unicode.ambiguous_as_wide', True)
pd.set_option('display.unicode.east_asian_width', True)

print('导入 Excel 文件：')
print('=' * 70)
df = pd.read_excel(r'D:\code\data\销售统计表.xlsx')
print('查看前 3 条数据：')
print(df.head(3))

print('=' * 70)
print('查看数据集的形状：')
print(df.shape)

print('=' * 70)
print('查看数据集的基本信息：')
print(df.info())

print('=' * 70)
print('查看数据集数值型字段的统计描述：')
print(df.describe())

print('=' * 70)
print('查看数据集字符串型字段的统计描述：')
print(df['商品名称'].describe())
```

程序运行结果如下:

导入 Excel 文件:

==

查看前 3 条数据:

```
   订单编号     订单日期       用户ID   商品名称   单价    数量     金额
0  302001  2022-02-01  137401    袜子    21.60  12.0   259.20
1  302002  2022-02-01  177562    夹克   210.00   7.0  1470.00
2  302003  2022-02-01  133422    短裤    55.93  24.0  1342.32
```

==

查看数据集的形状:

```
(310, 7)
```

==

查看数据集的基本信息:

```
<class 'pandas.core.frame.DataFrame'>
RangeIndex: 310 entries, 0 to 309
Data columns (total 7 columns):
 #   Column   Non-Null Count   Dtype
---  ------   --------------   -----
 0   订单编号    310 non-null     int64
 1   订单日期    310 non-null     datetime64[ns]
 2   用户ID    310 non-null     int64
 3   商品名称    305 non-null     object
 4   单价      305 non-null     float64
 5   数量      305 non-null     float64
 6   金额      310 non-null     float64
dtypes: datetime64[ns](1), float64(3), int64(2), object(1)
memory usage: 17.1+ KB
None
```

==

查看数据集数值型字段的统计描述:

```
              订单编号            用户ID            单价          数量            金额
count    310.000000      310.000000    305.000000  305.000000    310.000000
mean   302155.500000  149590.948387     96.380262   15.022951   1349.589129
std        89.633513    30331.605761     61.889811    8.733413   1190.173266
min    302001.000000   100939.000000     18.360000    1.000000      0.000000
25%    302078.250000   120529.750000     55.930000    7.000000    412.800000
50%    302155.500000   149841.000000     65.800000   15.000000   1051.400000
75%    302232.750000   179130.250000    137.700000   22.000000   1932.375000
max    302310.000000   199357.000000    210.000000   30.000000   5355.000000
```

==

查看数据集字符串型字段的统计描述:

```
count       305
unique        5
top         短裤
freq         95
Name: 商品名称, dtype: object
```

9.2.3　数据的导出

数据的导出是指将处理的中间或最终结果保存到文件中。在 pandas 中，可以将 DataFrame 数据保存为 Excel、csv、txt、json 或数据库等类型的文件。本节主要介绍将数据保存为 Excel 和 csv 文件的方法。

使用 to_excel()方法和 to_csv()方法将数据保存为 Excel 和 csv 文件。它们的使用语法形式如下：

```
DataFrame 对象名.to_excel(excel_writer, sheet_name, columns, header, index, encoding)
```

参数说明：

(1)excel_writer：要写入的 Excel 文件名或路径名。

(2)sheet_name：要写入的工作表，默认为 sheet1。

(3)columns：列名，默认为数据集的 columns。

(4)header：指定 Excel 工作表是否需要表头，默认为 True。

(5)index：指定是否将数据集的行索引写入 Excel 文件，默认为 True。

(6)encoding：编码。

```
DataFrame 对象名.to_csv(path_or_buf, sep, columns, header, index, encoding)
```

参数说明：

(1)path_or_buf：要写入的 csv 文件名或路径名。

(2)sep：数据项之间的分隔符，默认为逗号。

(3)encoding：编码，如果保存的是中文文件，则该值设置为"gbk"。

其他参数与 to_excel()方法类似。

【例 9.17】　导入"D:\code\data"路径下的"销售统计表.xlsx"文件，将导入的数据集创建 DataFrame 对象，然后将该 DataFrame 对象保存为 Excel 和 csv 文件。

程序代码如下：

```
#例 9.17
import pandas as pd

df = pd.read_excel(r'D:\code\data\销售统计表.xlsx')
df.head()

df.to_excel(r' D:\code\dd.xlsx', index=False)
df.to_csv(r' D:\code\dd.csv', encoding='gbk', index=False)
```

9.3　数据预处理

进行数据分析时,原始数据中可能存在不完整、不一致、有异常的数据,从而影响数据分析的结果。数据预处理可以提高数据的质量,满足数据分析的要求,提升数据分析的效果。

数据预处理包括数据清洗和数据加工。数据清洗是发现和处理原始数据中存在的缺失值、重复值和异常值,以及无意义的数据;数据加工是变换原始数据,通过对数据的计算、转换、分类、重组等发现更有价值的数据形式。

9.3.1　查找和处理缺失值

缺失值是指某种原因导致的数据为空(Null),在 pandas 中用 NaN 表示。

1.查找缺失值

使用 info()方法,查看每列数据的缺失情况。

【例 9.18】　导入"D:\code\data"路径下的"销售统计表. xlsx"文件,使用 info()方法查询数据集中是否有缺失值。

程序代码如下:

```
#例 9.18
import pandas as pd

pd.set_option('display.unicode.ambiguous_as_wide', True)
pd.set_option('display.unicode.east_asian_width', True)

df = pd.read_excel(r'./data/销售统计表.xlsx')
print(df.head())
print('=' * 70)
print('用 info 查看数据集是否包含缺失数据: ')
print('=' * 70)
print(df.info())
```

程序运行结果如下:

```
   订单编号  订单日期      用户 ID  商品名称   单价    数量    金额
0  302001 2022-02-01  137401  袜子   21.60  12.0  259.20
1  302002 2022-02-01  177562  夹克  210.00   7.0 1470.00
2  302003 2022-02-01  133422  短裤   55.93  24.0 1342.32
3  302004 2022-02-01  138462  夹克  178.50  24.0 4284.00
4  302005 2022-02-01  158949  短裤   65.80  14.0  921.20
======================================================================
```

用 info 查看数据集是否包含缺失数据:
```
======================================================================
<class 'pandas.core.frame.DataFrame'>
RangeIndex: 310 entries, 0 to 309
Data columns (total 7 columns):
 #   Column  Non-Null Count  Dtype
---  ------  --------------  -----
 0   订单编号   310 non-null    int64
 1   订单日期   310 non-null    datetime64[ns]
 2   用户ID    310 non-null    int64
 3   商品名称   305 non-null    object
 4   单价      305 non-null    float64
 5   数量      305 non-null    float64
 6   金额      310 non-null    float64
dtypes: datetime64[ns](1), float64(3), int64(2), object(1)
memory usage: 17.1+ KB
None
```

使用 isnull()方法查找缺失值,缺失值结果返回 True;非缺失值返回 False。

【**例 9.19**】 导入"D:\code\data"路径下的"销售统计表. xlsx"文件,使用 isnull()方法查找缺失值。

程序代码如下:

```
#例9.19
import pandas as pd

pd.set_option('display.unicode.ambiguous_as_wide', True)
pd.set_option('display.unicode.east_asian_width', True)

df = pd.read_excel(r'D:/code/data/销售统计表.xlsx')
print(df.head())

print('=' * 70)
print('用 isnull 查看数据集是否包含缺失数据:')
print('=' * 70)
print(df.isnull().any())

print('=' * 70)
print('把数据集中包含缺失数据的记录筛选出来:')
print('=' * 70)
print(df[df['单价'].isnull()])
```

程序运行结果如下:

```
    订单编号    订单日期        用户 ID   商品名称    单价     数量      金额
0   302001  2022-02-01   137401   袜子     21.60   12.0    259.20
1   302002  2022-02-01   177562   夹克    210.00    7.0   1470.00
2   302003  2022-02-01   133422   短裤     55.93   24.0   1342.32
3   302004  2022-02-01   138462   夹克    178.50   24.0   4284.00
4   302005  2022-02-01   158949   短裤     65.80   14.0    921.20
```

==

用 isnull 查看数据集是否包含缺失数据：

==

```
订单编号       False
订单日期       False
用户 ID      False
商品名称       True
单价         True
数量         True
金额         False
dtype: bool
```

==

把数据集中包含缺失数据的记录筛选出来：

==

```
      订单编号    订单日期        用户 ID   商品名称   单价    数量   金额
23    302024  2022-02-03   142285   NaN    NaN   NaN   0.0
67    302068  2022-02-07   192665   NaN    NaN   NaN   0.0
139   302140  2022-02-11   132538   NaN    NaN   NaN   0.0
240   302241  2022-02-20   156384   NaN    NaN   NaN   0.0
285   302286  2022-02-25   185748   NaN    NaN   NaN   0.0
```

2.处理缺失值

处理缺失值一般采用如下三种方法：不处理；删除；填充。

（1）删除缺失值

删除缺失值是指删除包含缺失值的整行或整列数据，如果处理的数据的样本量充足，则可以采用这种处理方式。在 pandas 中，使用 dropna()方法删除缺失值。其使用的语法形式如下：

```
DataFrame 对象名.dropna(axis = 0, how = 'any', thresh = None, subset = None,
inplace = False)
```

参数说明：

①axis：默认值为 0，表示沿行方向删除；若值为 1，则表示沿列方向删除。

②how：默认值为"any"，表示只要某行或某列中出现空值就将其删除；若值为"all"，则表示只有某行或某列中全部为空值时才将其删除。

③thresh：阈值，当行或列中非空值的数量少于该阈值时将其删除，默认值为 None。

④subset：删除空值时只考虑该参数列出的行或列，默认值为 None。

⑤inplace：是否原地删除，默认值为 False，表示返回一个新对象；若值为 True，则表示原地删除。

【例 9.20】 导入"D：\code\data"路径下的"销售统计表. xlsx"文件，使用 dropna()方法将缺失数据删除。

程序代码如下：

```
#例9.20
import pandas as pd

df = pd.read_excel(r'D:/code/data/销售统计表.xlsx')
print('原始数据集的形状：',df.shape)
print('=' * 70)

df1 = df.dropna()
print('删除缺失数据后数据集的形状：',df1.shape)
```

程序运行结果如下：

```
原始数据集的形状： (310, 7)
======================================================================
删除缺失数据后数据集的形状： (305, 7)
```

(2)填充缺失值

直接删除有缺失值的样本并不是一种很好的方法，可以用一个特定的值替换缺失值。若含有缺失值的数据特征为数值型，则通常使用经验值、均值、中位数和众数等描述其集中趋势的统计量填充；若含有缺失值的数据特征为类别型数据，则选择众数填充。在 pandas中，使用 fillna()方法填充缺失值。其使用的语法形式如下：

```
DataFrame 对象名.fillna(value = None, method = None, axis = None, inplace =
False, limit = None)
```

参数说明：

①value：用于填充的值，可以是标量、字典等数据。

②method：填充方式，默认使用 value 值填充；当值为"pad"或"ffill"时，表示使用前一个有效值填充缺失值；当值为"backfill"或"bfill"时，表示使用缺失值后的第一个有效值填充前面的所有连续缺失值。

③axis：填充方向。

④inplace：是否原地填充。

⑤limit：如果设置了参数 method，则指定最多填充多少个连续的缺失值。

【例 9.21】 导入"D：\code\data"路径下的"销售统计表. xlsx"文件，采用不同的方式完成数据集的缺失值填充。

　　程序代码如下：

```
#例9.21
import pandas as pd

pd.set_option('display.unicode.ambiguous_as_wide', True)
pd.set_option('display.unicode.east_asian_width', True)

df = pd.read_excel(r'D:/code/data/销售统计表.xlsx')
print('数据集的基本信息：\n')
print(df.info())
print('=' * 70)

d = {'商品名称':'T恤', '单价':60, '数量':1}
df1 = df.fillna(value=d)        #采用字典数据填充
df1.info()
print(df1.iloc[[23,67,139]])
print('=' * 70)

df2 = df.fillna(method='ffill')        #采用前项填充
df2.info()
print(df2.iloc[[23,67,139]])
```

　　程序运行结果如下：

```
数据集的基本信息：

<class 'pandas.core.frame.DataFrame'>
RangeIndex: 310 entries, 0 to 309
Data columns (total 7 columns):
 #   Column    Non-Null Count  Dtype
---  ------    --------------  -----
 0   订单编号     310 non-null    int64
 1   订单日期     310 non-null    datetime64[ns]
 2   用户ID      310 non-null    int64
 3   商品名称     305 non-null    object
 4   单价        305 non-null    float64
 5   数量        305 non-null    float64
 6   金额        310 non-null    float64
dtypes: datetime64[ns](1), float64(3), int64(2), object(1)
memory usage: 17.1+ KB
None
======================================================================
```

```
<class 'pandas.core.frame.DataFrame'>
RangeIndex: 310 entries, 0 to 309
Data columns (total 7 columns):
 #   Column     Non-Null Count   Dtype
---  ------     --------------   -----
 0   订单编号     310 non-null     int64
 1   订单日期     310 non-null     datetime64[ns]
 2   用户 ID      310 non-null     int64
 3   商品名称     310 non-null     object
 4   单价        310 non-null     float64
 5   数量        310 non-null     float64
 6   金额        310 non-null     float64
dtypes: datetime64[ns](1), float64(3), int64(2), object(1)
memory usage: 17.1+ KB
```

	订单编号	订单日期	用户ID	商品名称	单价	数量	金额
23	302024	2022-02-03	142285	T恤	60.0	1.0	0.0
67	302068	2022-02-07	192665	T恤	60.0	1.0	0.0
139	302140	2022-02-11	132538	T恤	60.0	1.0	0.0

```
======================================================================
<class 'pandas.core.frame.DataFrame'>
RangeIndex: 310 entries, 0 to 309
Data columns (total 7 columns):
 #   Column     Non-Null Count   Dtype
---  ------     --------------   -----
 0   订单编号     310 non-null     int64
 1   订单日期     310 non-null     datetime64[ns]
 2   用户 ID      310 non-null     int64
 3   商品名称     310 non-null     object
 4   单价        310 non-null     float64
 5   数量        310 non-null     float64
 6   金额        310 non-null     float64
dtypes: datetime64[ns](1), float64(3), int64(2), object(1)
memory usage: 17.1+ KB
```

	订单编号	订单日期	用户ID	商品名称	单价	数量	金额
23	302024	2022-02-03	142285	卫衣	126.50	4.0	0.0
67	302068	2022-02-07	192665	短裤	55.93	27.0	0.0
139	302140	2022-02-11	132538	短裤	55.93	27.0	0.0

9.3.2 查找和处理异常值

异常值是指数据中存在数值明显超出正常范围或不合理的数据。由于异常值的存在严重干扰数据分析的结果,因此经常要检验数据中是否有输入错误或含有不合理的数据。

1.查找异常值

我们通过条件查询、统计量的分析或图表分析法(如散点图、箱线图)等方法发现数据集中的异常值。

2.处理异常值

处理异常值一般采用如下两种方法：删除异常值样本或替换异常值。

【例 9.22】　导入"D:\code\data"路径下的"销售统计表.xlsx"文件，查询数据集中"金额"为 0 的异常样本，并用"删除"和"替换"两种方法处理异常值。

程序代码如下：

```python
#例 9.22
import pandas as pd

pd.set_option('display.unicode.ambiguous_as_wide', True)
pd.set_option('display.unicode.east_asian_width', True)

df = pd.read_excel(r'D:/code/data/销售统计表.xlsx')
print(df.info())
df_err = df[df['金额'] == 0]       #查询异常数据
print('金额为 0 的数据: ')
print(df_err)

print('=' * 70)
print('采用"删除"方法处理异常数据')
df1 = df.drop(index = df_err.index)       #使用 drp()删除包含异常数据的行
df1.info()

print('=' * 70)
print('采用"替换"方法处理异常数据')
df2 = df.copy()
df2.loc[df2['金额'] == 0, '金额'] = 60       #将金额 0 替换成 60
df2.iloc[df_err.index]

df3 = df.copy()

print(df3.replace())
```

程序运行结果如下：

```
<class 'pandas.core.frame.DataFrame'>
RangeIndex: 310 entries, 0 to 309
Data columns (total 7 columns):
 #   Column   Non-Null Count   Dtype
---  ------   --------------   -----
 0   订单编号   310 non-null     int64
 1   订单日期   310 non-null     datetime64[ns]
 2   用户 ID    310 non-null     int64
 3   商品名称   305 non-null     object
 4   单价       305 non-null     float64
 5   数量       305 non-null     float64
 6   金额       310 non-null     float64
```

```
dtypes: datetime64[ns](1), float64(3), int64(2), object(1)
memory usage: 17.1+ KB
None
```
金额为 0 的数据：

	订单编号	订单日期	用户 ID	商品名称	单价	数量	金额
23	302024	2022-02-03	142285	NaN	NaN	NaN	0.0
67	302068	2022-02-07	192665	NaN	NaN	NaN	0.0
139	302140	2022-02-11	132538	NaN	NaN	NaN	0.0
240	302241	2022-02-20	156384	NaN	NaN	NaN	0.0
285	302286	2022-02-25	185748	NaN	NaN	NaN	0.0

```
================================================================
```
采用"删除"方法处理异常数据
```
<class 'pandas.core.frame.DataFrame'>
Int64Index: 305 entries, 0 to 309
Data columns (total 7 columns):
 #   Column   Non-Null Count  Dtype
---  ------   --------------  -----
 0   订单编号   305 non-null    int64
 1   订单日期   305 non-null    datetime64[ns]
 2   用户 ID   305 non-null    int64
 3   商品名称   305 non-null    object
 4   单价     305 non-null    float64
 5   数量     305 non-null    float64
 6   金额     305 non-null    float64
dtypes: datetime64[ns](1), float64(3), int64(2), object(1)
memory usage: 19.1+ KB
```
```
================================================================
```
采用"替换"方法处理异常数据

	订单编号	订单日期	用户 ID	商品名称	单价	数量	金额
0	302001	2022-02-01	137401	袜子	21.60	12.0	259.20
1	302002	2022-02-01	177562	夹克	210.00	7.0	1470.00
2	302003	2022-02-01	133422	短裤	55.93	24.0	1342.32
3	302004	2022-02-01	138462	夹克	178.50	24.0	4284.00
4	302005	2022-02-01	158949	短裤	65.80	14.0	921.20
...	...	...	...	...	...	...	...
305	302306	2022-02-28	138656	夹克	210.00	10.0	2100.00
306	302307	2022-02-28	156928	袜子	21.60	19.0	410.40
307	302308	2022-02-28	169543	夹克	210.00	11.0	2310.00
308	302309	2022-02-28	184880	休闲鞋	162.00	17.0	2754.00
309	302310	2022-02-28	106357	休闲鞋	162.00	7.0	1134.00

```
[310 rows x 7 columns]
```

9.3.3　查找和处理重复值

重复值是指不同样本在同一个字段上有相同的取值。通常情况下,把数据集中所有字段值都相同的记录视为重复样本。重复值的处理方法一般为删除。

1. 查找重复值

使用 DataFrame 对象的 duplicated()方法检测重复值。其使用的语法形式如下:

```
DataFrame 对象名.duplicated(subset, keep)
```

该方法按照指定的方式判断数据集中是否存在相同的样本,结果返回布尔值。

参数说明:

(1)subset:用于指定根据哪些字段判断存在重复样本,默认值为 None,表示按全部字段来判断。

(2)keep:如何标记重复值,默认值为"first",表示将首次出现的重复数据标记为 False;当取"last"时,表示将最后出现的重复数据标记为 False;当取"False"时,表示将所有的重复数据标记为 True。

2. 处理重复值

对于不需要的重复样本,使用 drop_duplicates()方法将其删除。其使用的语法形式如下:

```
DataFrame 对象名.drop_duplicates(subset, keep, inplace)
```

参数说明:

(1)subset:用于指定根据哪些字段进行去重操作,默认值为 None,表示按全部字段。

(2)keep:用于指定需要保留的重复样本,默认值为"first",表示将保留首次出现的样本,删除其余样本;当取"last"时,表示将保留最后出现的样本,删除其余样本;当取"False"时,表示删除所有的样本。

(3)inplace:指定是否原地操作,默认为"False",表示返回新对象。

【例 9.23】　导入"D:\code\data"路径下的"电脑外设销售表. xlsx"文件,将按照数据集中的"销售日期""产品编号""销售店""产品名称"四个字段检测是否有重复值,并显示全部重复值。上述四个字段重复的样本只保留第一个记录,并将去重后的结果保存到新的Excel 文件中。

程序代码如下:

```
#例9.23
import pandas as pd

pd.set_option('display.unicode.ambiguous_as_wide', True)
pd.set_option('display.unicode.east_asian_width', True)

df = pd.read_excel(r'D:/code/data/电脑外设销售表.xlsx')    #导入数据集
idx = df.duplicated(subset=['销售日期','产品编号', '销售店', '产品名称'],
keep=False)    #检测重复值
print(df[idx])    #显示重复值

print('原始数据集的形状：',df.shape)    #打印原始数据集形状
df.drop_duplicates(subset=['销售日期','产品编号', '销售店', '产品名称'],
inplace=True)

print('删除重复样本后的形状：', df.shape)    #打印删除重复样本后的形状

df.to_excel(r'D:/code/data/电脑外设销售表_new.xlsx', index = False)
```

程序运行结果如下：

	销售日期	产品编号	销售店	产品名称	单价	销售量	销售额
0	2022-09-01	BJP-01	城南店	笔记本	9990	1	9990
1	2022-09-01	BJP-01	城南店	笔记本	9990	1	9990
2	2022-09-01	DYJ-01	城东店	打印机	3660	3	10980
3	2022-09-01	DYJ-01	城东店	打印机	3660	3	10980
4	2022-09-01	TSDN-01	城西店	台式电脑	4800	2	9600
5	2022-09-01	TSDN-01	城西店	台式电脑	4800	2	9600
6	2022-09-02	CZJ-01	城北店	传真机	1600	3	4800
7	2022-09-02	CZJ-01	城北店	传真机	1600	3	4800
8	2022-09-02	SMY-01	城南店	扫描仪	8900	2	17800
9	2022-09-02	SMY-01	城南店	扫描仪	8900	2	17800
10	2022-09-03	CZJ-01	城西店	传真机	1600	4	6400
11	2022-09-03	CZJ-01	城西店	传真机	1600	4	6400
12	2022-09-03	DYJ-01	城南店	打印机	3600	6	21600
13	2022-09-03	DYJ-01	城南店	打印机	3600	6	21600
14	2022-09-03	TSDN-01	城东店	台式电脑	4800	5	24000
15	2022-09-03	TSDN-01	城东店	台式电脑	4800	5	24000
16	2022-09-04	CZJ-01	城南店	传真机	1600	3	4800
17	2022-09-04	CZJ-01	城南店	传真机	1600	3	4800
18	2022-09-04	TSDN-01	城北店	台式电脑	4800	3	14400
19	2022-09-04	TSDN-01	城北店	台式电脑	4800	3	14400
20	2022-09-05	BJP-01	城北店	笔记本	9990	1	9990
21	2022-09-05	BJP-01	城北店	笔记本	9990	1	9990
22	2022-09-05	TSDN-01	城南店	台式电脑	4800	3	14400

```
23 2022-09-05   TSDN-01   城西店   台式电脑   4800    5   24000
24 2022-09-05   TSDN-01   城西店   台式电脑   4800    5   24000
25 2022-09-05   TSDN-01   城南店   台式电脑   4800    3   14400
26 2022-09-06   CZJ-01    城东店   传真机     1600    2    3200
27 2022-09-06   CZJ-01    城东店   传真机     1600    2    3200
28 2022-09-06   SMY-01    城西店   扫描仪     8900    4   35600
29 2022-09-06   SMY-01    城西店   扫描仪     8900    4   35600
30 2022-09-07   SMY-01    城南店   扫描仪     8900    2   17800
31 2022-09-07   SMY-01    城南店   扫描仪     8900    2   17800
32 2022-09-07   TSDN-01   城东店   台式电脑   4800    3   14400
33 2022-09-07   TSDN-01   城东店   台式电脑   4800    3   14400
原始数据集的形状：(102, 7)
删除重复样本后的形状：(85, 7)
```

9.3.4　更改数据类型

处理数据时,可能会遇到有些数据的数据类型与实际要求不相符的问题,这就需要改变数据类型。我们可以通过 astype()方法强制转换数据的类型,其使用的语法形式如下：

```
astype(dtype, copy = True, error = 'raise', **kwargs)
```

参数说明：

(1)dtype:数据类型。

(2)copy:是否创建副本,默认为 True。

(3)error:错误采取的处理方式,可以取值为 raise(表示允许引发异常)或 ignore(表示抑制异常),默认为 raise。

注意：当非数字型数据转换成 int 或 float 时,将会出现 ValueError 异常。

【例 9.24】　导入"D:\code\data"路径下的"销售统计表.xlsx"文件,将"用户 ID"列数据类型改为字符串,将"订单日期"列数据类型改为整型。

程序代码如下：

```
#例 9.24
import pandas as pd

df = pd.read_excel(r'D:/code/data/销售统计表.xlsx')

print(df['用户 ID'].dtype)      #查看该列的数据类型
df['用户 ID'] = df['用户 ID'].astype(str)      #将该列数据类型改为字符串
print(df['用户 ID'].dtype)
df['订单日期'] = df['订单日期'].astype(int)      #将该列数据类型改为整型
print(df['用户 ID'].dtype)
```

程序运行结果如下：

217

```
int64
object
Traceback (most recent call last):
  File "D:\code\例9.24.py", line 9, in <module>
   df['订单日期'] = df['订单日期'].astype(int)        #将该列数据类型改为整型
  File"D:\Program Files\Python\Python39\lib\site-packages\pandas\core\
generic.py", line 5912, in astype
   new_data = self._mgr.astype(dtype=dtype, copy=copy, errors=errors)
  File"D:\Program Files\Python\Python39\lib\site-packages\pandas\core\
internals\managers.py", line 419, in astype
   return self.apply("astype", dtype=dtype, copy=copy, errors=errors)
  File"D:\Program Files\Python\Python39\lib\site-packages\pandas\core\
internals\managers.py", line 304, in apply
   applied = getattr(b, f)(**kwargs)
  File"D:\Program Files\Python\Python39\lib\site-packages\pandas\core\
internals\blocks.py", line 580, in astype
   new_values = astype_array_safe(values, dtype, copy=copy, errors=errors)
  File"D:\Program Files\Python\Python39\lib\site-packages\pandas\core\
dtypes\cast.py",line 1292, in astype_array_safe
   new_values = astype_array(values, dtype, copy=copy)
  File"D:\Program Files\Python\Python39\lib\site-packages\pandas\core\
dtypes\cast.py",line 1222, in astype_array
   raise TypeError(msg)
TypeError: cannot astype a datetimelike from [datetime64[ns]] to [int32]
```

由上例可见,将"订单日期"的数据类型转换成整型时,报了 TypeError 异常,其原因是转换成整型的数据必须都是数字形式的数据,而"订单日期"是时间类型,里面包含了非数字数据。

9.4 数据查询

数据查询通过 DataFrame 对象的下标或筛选条件实现。

选取单列时可以用如下两种方法:

(1)DataFrame 对象名.列标签;

(2)DataFrame 对象名['列标签']。

筛选条件常用的形式如下:

(1)介于某个区间:between(m,n)方法;

(2)是否包含某字段:isin([列标签列表])方法;

(3)多个条件相与、或:&、|(注意:每个条件必须用圆括号括起来);

(4)查询最小、最大的 n 个样本:nsmallest()、nlargest()方法;

(5)排序：sort_values(by=′字段名′)方法。

【例 9.25】 导入"D:\code\data"路径下的"电脑外设销售表_new.xlsx"文件，完成以下查询任务：

(1)查询行索引从 50 开始的前 7 条数据。

程序代码如下：

```
#例9.25
import pandas as pd

pd.set_option('display.unicode.ambiguous_as_wide', True)
pd.set_option('display.unicode.east_asian_width', True)

df = pd.read_excel(r'D:/code/data/电脑外设销售表_new.xlsx')

print('行索引从 50 开始的前 7 条数据:\n', df[50:60])
```

程序运行结果如下：

```
行索引从 50 开始的前 7 条数据:
      销售日期     产品编号  销售店   产品名称   单价  销售量  销售额
50  2022-10-10   SMY-01   城南店    扫描仪   8900    4   35600
51  2022-10-11   BJP-01   城北店    笔记本   9990    3   29970
52  2022-10-11   CZJ-01   城东店    传真机   1600    1    1600
53  2022-10-11   TSDN-01  城东店   台式电脑  4800    2    9600
54  2022-10-12   CZJ-01   城东店    传真机   1600    1    1600
55  2022-10-12   CZJ-01   城西店    传真机   1600    3    4800
56  2022-10-12   TSDN-01  城北店   台式电脑  4800    2    9600
```

(2)查询"产品名称"和"单价"信息。

程序代码如下：

```
print('查询 "产品名称" 和 "单价" 信息:\n', df[['产品名称', '单价']])
```

程序运行结果如下：

```
查询 "产品名称" 和 "单价" 信息:
     产品名称    单价
0     笔记本    9990
1     打印机    3660
2    台式电脑   4800
3     传真机    1600
4     扫描仪    8900
..    ...    ...
80   台式电脑   4800
81    传真机    1600
```

```
82    笔记本   9990
83    扫描仪   8900
84    台式电脑  4800

[85 rows x 2 columns]
```

(3)查询"产品名称"和"单价"信息的前 5 条数据。

程序代码如下：

```
print('查询"产品名称"和"单价"信息的前 5 条记录:\n', df[:5][['产品名称', '单价']])
```

程序运行结果如下：

```
查询"产品名称"和"单价"信息的前 5 条数据：
     产品名称   单价
0    笔记本   9990
1    打印机   3660
2   台式电脑   4800
3    传真机   1600
4    扫描仪   8900
```

(4)查询"城南店"的销售情况，显示末尾 5 条数据。

程序代码如下：

```
print('查询"城南店"的销售情况,显示末尾 5 条数据:\n',df[df.销售店 == '城南店'].tail(5))
```

程序运行结果如下：

```
查询"城南店"的销售情况，显示末尾 5 条数据：
       销售日期      产品编号  销售店  产品名称  单价  销售量  销售额
73  2022-11-07  SMY-01   城南店   扫描仪   8900   2   17800
74  2022-11-08  BJP-01   城南店   笔记本   9990   3   29970
78  2022-11-09  TSDN-01  城南店  台式电脑  4800   3   14400
81  2022-11-11  CZJ-01   城南店   传真机   1600   5    8000
82  2022-11-12  BJP-01   城南店   笔记本   9990   3   29970
```

(5)查询销售额大于等于 40000 元的产品名称及其销售金额。

程序代码如下：

```
df['销售额'] = df['销售额'].astype(int)  #将销售额列数据类型改为整型，确保能比较大小
print('查询销售额大于等于 40000 元的产品名称及其销售金额:\n', df[df.销售额 >=
40000][['产品名称','销售额']])
```

程序运行结果如下：

查询销售额大于等于 40000 元的产品名称及其销售金额：

	产品名称	销售额
22	扫描仪	62300
25	扫描仪	53400
64	笔记本	59940
71	扫描仪	53400
83	扫描仪	53400

（6）查询销售量为 6～10 的产品名称、数量及其销售金额。

程序代码如下：

```
print('查询销售量为 6～10 的产品名称、销售量及其销售金额:\n', df[df.销售
量.between(6,10)][['产品名称', '销售量', '销售额']])
```

程序运行结果如下：

查询销售量为 6～10 的产品名称、销售量及其销售金额：

	产品名称	销售量	销售额
6	打印机	6	21600
19	传真机	6	9600
22	扫描仪	7	62300
25	扫描仪	6	53400
28	台式电脑	6	28800
62	打印机	6	21600
64	笔记本	6	59940
67	传真机	7	11200
71	扫描仪	6	53400
79	传真机	7	11200
83	扫描仪	6	53400

（7）查询"打印机"和"扫描仪"的前 5 条销售数据。

程序代码如下：

```
print('查询"打印机"和"扫描仪"的前 5 条销售数据:\n', df[df['产品名称'].isin(['
打印机', '扫描仪'])].head(5))
```

程序运行结果如下：

查询"打印机"和"扫描仪"的前 5 条销售数据：

	销售日期	产品编号	销售店	产品名称	单价	销售量	销售额
1	2022-09-01	DYJ-01	城东店	打印机	3660	3	10980
4	2022-09-02	SMY-01	城南店	扫描仪	8900	2	17800
6	2022-09-03	DYJ-01	城南店	打印机	3600	6	21600
14	2022-09-06	SMY-01	城西店	扫描仪	8900	4	35600
15	2022-09-07	SMY-01	城南店	扫描仪	8900	2	17800

（8）查询城北店销售额超过 30000 元的销售数据。

程序代码如下：

```
print('查询城北店销售额超过30000元的销售数据:\n', df[(df.销售店 == '城北店')&(df.
销售额 >= 30000)])
```

程序运行结果如下：

查询城北店销售额超过 30000 元的销售数据：

	销售日期	产品编号	销售店	产品名称	单价	销售量	销售额
22	2022-09-10	SMY-01	城北店	扫描仪	8900	7	62300
24	2022-09-11	BJP-01	城北店	笔记本	9990	4	39960
64	2022-11-03	BJP-01	城北店	笔记本	9990	6	59940

（9）查询销售额最多的 5 条销售数据。

程序代码如下：

```
print('查询销售额最多的5条销售数据:\n', df.nlargest(5, '销售额'))
```

程序运行结果如下：

查询销售额最多的 5 条销售数据：

	销售日期	产品编号	销售店	产品名称	单价	销售量	销售额
22	2022-09-10	SMY-01	城北店	扫描仪	8900	7	62300
64	2022-11-03	BJP-01	城北店	笔记本	9990	6	59940
25	2022-09-11	SMY-01	城东店	扫描仪	8900	6	53400
71	2022-11-06	SMY-01	城西店	扫描仪	8900	6	53400
83	2022-11-12	SMY-01	城西店	扫描仪	8900	6	53400

（10）按销售额字段降序排序。

程序代码如下：

```
print('按销售额字段降序排序:\n',df.sort_values(by = '销售额', ascending =
False))
```

程序运行结果如下：

按销售额字段降序排序：

	销售日期	产品编号	销售店	产品名称	单价	销售量	销售额
22	2022-09-10	SMY-01	城北店	扫描仪	8900	7	62300
64	2022-11-03	BJP-01	城北店	笔记本	9990	6	59940
25	2022-09-11	SMY-01	城东店	扫描仪	8900	6	53400
71	2022-11-06	SMY-01	城西店	扫描仪	8900	6	53400
83	2022-11-12	SMY-01	城西店	扫描仪	8900	6	53400
...	...	...	...	...	...	...	...
20	2022-09-09	CZJ-01	城西店	传真机	1600	1	1600
54	2022-10-12	CZJ-01	城东店	传真机	1600	1	1600
37	2022-10-04	CZJ-01	城南店	传真机	1600	1	1600
52	2022-10-11	CZJ-01	城东店	传真机	1600	1	1600

```
42 2022-10-06  CZJ-01  城东店  传真机  1600  1    1600

[85 rows x 7 columns]
```

(11)查询销售额超过 30000 元的销售数据,并按销售额升序排序。

程序代码如下:

```
print('查询销售额超过 30000 元的销售数据,并按销售额升序排序:\n', df[df.销售额 >=
30000].sort_values(by = '销售额'))
```

程序运行结果如下:

```
查询销售额超过 30000元的销售数据,并按销售额升序排序:
      销售日期    产品编号  销售店  产品名称  单价    销售量  销售额
14 2022-09-06  SMY-01  城西店  扫描仪  8900   4    35600
33 2022-10-02  SMY-01  城南店  扫描仪  8900   4    35600
50 2022-10-10  SMY-01  城南店  扫描仪  8900   4    35600
24 2022-09-11  BJP-01  城北店  笔记本  9990   4    39960
25 2022-09-11  SMY-01  城东店  扫描仪  8900   6    53400
71 2022-11-06  SMY-01  城西店  扫描仪  8900   6    53400
83 2022-11-12  SMY-01  城西店  扫描仪  8900   6    53400
64 2022-11-03  BJP-01  城北店  笔记本  9990   6    59940
22 2022-09-10  SMY-01  城北店  扫描仪  8900   7    62300
```

9.5　数据汇总

数据汇总是指对指定的数据项的聚合操作,或者根据指定的数据项分类汇总。下面主要从分组统计和分区统计两方面讨论。

9.5.1　分组统计

在 pandas 中,提供了很多计算统计量的方法,通过这些方法可以计算数据集的相关统计值。表 9-2 列出了常用的统计方法。

表 9-2　　　　　　　　　　　常用的统计方法

方法名	含　义	方法名	含　义
min	最小值	max	最大值
mean	均值	sum	求和
median	中位数	count	非空值数目
mode	众数	ptp	极差

223

续表

方法名	含　义	方法名	含　义
var	方差	std	标准差
quantile	四分位数	cov	协方差
skew	样本偏差	kurt	样本峰度
sem	标准误差	mad	平均绝对离差
describe	描述统计	value_counts	频数统计

如果要一次性地对指定轴上某个数据项进行多个统计指标分析,则可以使用 aggregate()聚合方法(agg()方法与之等价)。其使用的语法形式如下:

```
aggregate(func = None, axis:'Axis'= 0, *args, **kwargs)
```

主要参数说明:

(1)func:对数据进行聚合操作的函数,数据可以是函数、列表(列表中的元素为聚合操作的函数)、字典(其中,键为要聚合的标签,值为聚合操作的函数)。

(2)axis:指定操作哪个轴的数据,可以是 0 或行标签、1 或列标签,默认值是 0,即对一列数据进行聚合操作。

我们可以先对 DataFrame 数据集按某列或多列的数据分组,然后统计每个分组的数据。

在 pandas 中先使用 DataFrame 对象的 groupby()方法得到一个分组对象,然后使用 agg()方法对该分组对象中相应分组数据进行统计操作,以期实现分组统计。groupby()方法使用的语法形式如下:

```
DataFrame 对象名.groupby(by, axis, as_index, sort)
```

主要参数说明:

(1)by:分组依据,可以是字段、字段列表、函数、字典、Series 等对象。

(2)axis:按哪个轴分组,默认值为 0。

(3)as_index:是否将分组字段作为分组结果中的索引,默认值为 True。

(4)sort:是否按分组字段排序,默认值为 True。

【例 9.26】 导入"D:\code\data"路径下的"电脑外设销售表_new. xlsx"文件,统计每个销售店的销售总金额,将统计结果按降序排序并输出。

程序代码如下:

```
#例9.26
import pandas as pd

df = pd.read_excel(r'D:/code/data/电脑外设销售表_new.xlsx')      #导入数据集

#分组字段不作为分组结果的索引
df1 = df.groupby('销售店', as_index=False).agg({'销售额':'sum'})
print(df1)
print('-' * 70, '\n 排序后的结果：')
print(df1.sort_values('销售额', ascending = False))      #按销售额降序排序
```

程序运行结果如下：

```
     销售店     销售额
0    城东店    314000
1    城北店    344130
2    城南店    477090
3    城西店    370700
----------------------------------------------------------------------
   排序后的结果：
     销售店     销售额
2    城南店    477090
3    城西店    370700
1    城北店    344130
0    城东店    314000
```

【**例 9.27**】　导入"D:\code\data"路径下的"电脑外设销售表_new. xlsx"文件，统计每种产品的总销售额，将统计结果的"销售额"列标签改为"总销售额"，然后添加对总销售额的降序"排名"列。

程序代码如下：

```
#例9.27
import pandas as pd

df = pd.read_excel(r'D:/code/data/电脑外设销售表_new.xlsx')      #导入数据集

df1 = df.groupby('销售店').agg({'销售额':'sum'})      #分组字段作为分组结果的索引
print('分组统计的结果：')
print(df1, '\n', '-'*70)

df1 = df1.reset_index()      #重置索引
print('重置索引后的结果：')
print(df1, '\n', '-'*70)
```

```
df1.columns = ['销售店', '总销售额']   #修改列标签名
print('修改列标签名后的结果: ')
print(df1, '\n', '-'*70)

df1['排名'] = df1['总销售额'].rank(ascending = False).astype('int')      #排
名,并将"排名"列的数据类型改为整型
print('排名后的结果: ')
print(df1)
```

程序运行结果如下:

```
分组统计的结果:
销售店    销售额
城东店   314000
城北店   344130
城南店   477090
城西店   370700
----------------------------------------------------------------------
重置索引后的结果:
     销售店    销售额
0    城东店   314000
1    城北店   344130
2    城南店   477090
3    城西店   370700
----------------------------------------------------------------------
修改列标签名后的结果:
     销售店    总销售额
0    城东店    314000
1    城北店    344130
2    城南店    477090
3    城西店    370700
----------------------------------------------------------------------
排名后的结果:
     销售店    总销售额   排名
0    城东店    314000   4
1    城北店    344130   3
2    城南店    477090   1
3    城西店    370700   2
```

当我们将"by"参数设置成列表时,可以对数据进行多级分组,并且默认在分组结果中对应多级行索引。

【例 9.28】 导入"D:\code\data"路径下的"电脑外设销售表_new.xlsx"文件,将"销售店"和"产品名称"分别作为一级和二级行索引分组,然后统计各店每种产品的总销售量。

程序代码如下:

```
#例9.28
import pandas as pd

df = pd.read_excel(r'D:/code/data/电脑外设销售表_new.xlsx')      #导入数据集

df1 = df.groupby(by = ['销售店', '产品名称']).agg({'销售量':'sum'})      #分组
字段作为分组结果的索引
print('分组统计的结果：')
print(df1)
```

程序运行结果如下：

```
分组统计的结果：
                销售量
销售店  产品名称
城东店  传真机        17
      台式电脑       41
      打印机        10
      扫描仪         6
城北店  传真机        10
      台式电脑       20
      扫描仪         7
      笔记本        17
城南店  传真机        14
      台式电脑       22
      打印机        17
      扫描仪        20
      笔记本        11
城西店  传真机        30
      台式电脑       32
      扫描仪        19
```

除上面的分组统计外，还可以同时对同一列使用不同的聚合方法，或同时对不同的列使用不同的聚合方法。

【例 9.29】 导入"D：\code\data"路径下的"电脑外设销售表_new. xlsx"文件，统计：每个店销售额的最大值与最小值；每种产品的销量及销售总额；每个店每种产品的销量及销售总额。

程序代码如下：

```
#例9.29
import pandas as pd

pd.set_option('display.unicode.ambiguous_as_wide', True)
pd.set_option('display.unicode.east_asian_width', True)
```

```
df = pd.read_excel(r'D:/code/data/电脑外设销售表_new.xlsx')      #导入数据集

df1 = df.groupby('销售店').agg({'销售额':['min', 'max']})       #对同一列使用不
同的聚合方法
print('统计每个店销售额的最大值与最小值:')
print(df1)
print('-'*70)

df2 = df.groupby('产品名称').agg({'销售量':'count', '销售额':'sum'})      #对同
一列使用不同的聚合方法
print('统计每种产品的销量及销售总额:')
print(df2)
print('-'*70)

df3 = df.groupby(by = ['销售店','产品名称']).agg({'销售量':'count','销售
额':'sum'})       #对不同列使用不同的聚合方法
print('统计每个店每种产品的销量及销售总额:')
print(df3)
```

程序运行结果如下:

```
统计每个店销售额的最大值与最小值:
        销售额
销售店    min    max
城东店   1600   53400
城北店   4800   62300
城南店   1600   35600
城西店   1600   53400
----------------------------------------------------------------------
统计每种产品的销量及销售总额:
        销售量   销售总额
产品名称
传真机     21    113600
台式电脑    35    552000
打印机      6     97800
扫描仪     13    462800
笔记本     10    279720
----------------------------------------------------------------------
统计每个店每种产品的销量及销售总额:
              销售量   销售总额
销售店  产品名称
城东店  传真机      7     27200
      台式电脑    11    196800
      打印机      3     36600
      扫描仪      1     53400
```

```
城北店  传真机        3     16000
        台式电脑      7     96000
        扫描仪        1     62300
        笔记本        5     169830
城南店  传真机        4     22400
        台式电脑      8     105600
        打印机        3     61200
        扫描仪        7     178000
        笔记本        5     109890
城西店  传真机        7     48000
        台式电脑      9     153600
        扫描仪        4     169100
```

9.5.2　分区统计

分区统计是指按照一定的业务指标对连续型变量进行等距或不等距的切分，进而分析数据在各个区间的分布规律。在 pandas 中，使用 cut() 函数实现按照指定间距将数据分区的操作，其使用的语法形式如下：

```
pandas.cut(x, bins, right, labels)
```

主要参数说明：

（1）x：要分区的数据。

（2）bins：分区数目或表示分区间隔的序列。

（3）right：区间右边是否闭合，默认值为 True，表示左开右闭。

（4）labels：各区间对应的标签。

【例 9.30】　导入"D:\code\data"路径下的"学生成绩表. xlsx"文件，根据总分按照指定间距划分每位同学的成绩等级，并将统计的结果加入数据表。

程序代码如下：

```
#例 9.30
import pandas as pd

pd.set_option('display.unicode.ambiguous_as_wide', True)
pd.set_option('display.unicode.east_asian_width', True)

df = pd.read_excel(r'D:/code/data/学生成绩表.xlsx')      #导入数据集

print('划分等级前的前 5 位同学信息: \n', df.head(5))

bins = [0, 180, 210, 240, 270, 300]
labels = ['不及格', '及格', '中等', '良好', '优秀']
```

```
df['等级'] = pd.cut(df['总分'], bins = bins, labels = labels)

print('-'*70)
print('划分等级后的前 5 位同学信息: \n', df.head(5))
```

程序运行结果如下:

```
划分等级前的前 5 位同学信息:
       学号       姓名   语文   数学   英语   总分
0  20221001     毛莉    75    85    80   240
1  20221002     杨青    68    75    64   207
2  20221003   陈小鹰    58    69    75   202
3  20221004   陆东兵    94    90    91   275
4  20221005   闻亚东    84    87    88   259
----------------------------------------------------------------------
划分等级后的前 5 位同学信息:
       学号       姓名   语文   数学   英语   总分   等级
0  20221001     毛莉    75    85    80   240   中等
1  20221002     杨青    68    75    64   207   及格
2  20221003   陈小鹰    58    69    75   202   及格
3  20221004   陆东兵    94    90    91   275   优秀
4  20221005   闻亚东    84    87    88   259   良好
```

9.6 数据透视表

数据透视表是对集中的数据进行快速分类汇总的一种分析方法,可以根据一个或多个字段,在行和列的方向对数据进行分组聚合,从而以多种不同的方式灵活地展示数据的特征,并从不同角度分析数据。

在 pandas 中,使用 pivot_table()方法可以实现数据透视表功能,其语法形式如下:

```
DataFrame 对象名.pivot_table(values, index, columns, aggfunc, fill_value,
margins, dropna, margins_name)
```

参数说明:

(1)values:要聚合的字段。

(2)index:作为行标签的字段。

(3)columns:作为列标签的字段。

(4)aggfunc:聚合函数,默认值为"mean",表示求均值。

(5)fill_value:用什么值填充数据透视表中聚合后产生的缺失值。

(6)margins:数据透视表中是否显示汇总行和汇总列,默认值为"False"。

(7)margins_name：汇总行和汇总列的标签，默认值为"All"。

(8)dropna：是否删除空列，默认值为"True"。例如，制作数据透视表，分析每周各种商品的订购总额。

【例 9.31】　导入"D：\code\data"路径下的"电脑外设销售表_new. xlsx"文件，根据该数据集，制作数据透视表，分析每个店各种商品的销售总额。

程序代码如下：

```
#例 9.31
import pandas as pd

pd.set_option('display.unicode.ambiguous_as_wide', True)
pd.set_option('display.unicode.east_asian_width', True)

df = pd.read_excel(r'D:/code/data/电脑外设销售表_new.xlsx')      #导入数据集

df1 = df.pivot_table(values = '销售额',
                     index = '销售店',
                     columns = '产品名称',
                     aggfunc = 'sum',
                     margins = True,
                     margins_name = '总计')      #建立数据透视表
print(df1)
```

程序运行结果如下：

产品名称 销售店	传真机	台式电脑	打印机	扫描仪	笔记本	总计
城东店	27200.0	196800.0	36600.0	53400.0	NaN	314000
城北店	16000.0	96000.0	NaN	62300.0	169830.0	344130
城南店	22400.0	105600.0	61200.0	178000.0	109890.0	477090
城西店	48000.0	153600.0	NaN	169100.0	NaN	370700
总计	113600.0	552000.0	97800.0	462800.0	279720.0	1505920

9.7　数据集的合并与连接

1.数据集的合并

数据集的合并是指将两个数据集在纵向或横向进行堆叠，合并为一个数据集。在 pandas 中，使用 concat()函数完成数据集的合并操作，其具体使用的语法形式如下：

```
pandas.concat(objs, axis, ignore_index)
```

参数说明：

(1)objs：要合并的对象，它是包含多个 Series 或 DataFrame 对象的序列，一般为列表。

(2)axis：沿哪个轴合并，默认值为 0，表示纵向合并（合并样本）；当值为 1，表示横向合并（合并字段）。

(3)ignore_index：是否忽略原索引并按新的数据集重新组织索引，默认值为"False"。

【例 9.32】 分别导入"D:\code\data"路径下的"家电销售表_1. xlsx"和"家电销售表_2. xlsx"文件，创建 2 个数据集，合并这两个数据集的样本，然后按新的数据集重新组织索引，并将合并后的数据集保存到 Excel 文件。

程序代码如下：

```
#例9.32
import pandas as pd

df1 = pd.read_excel(r'D:/code/data/家电销售表_1.xlsx')    #导入数据集
df2 = pd.read_excel(r'D:/code/data/家电销售表_2.xlsx')

df = pd.concat([df1, df2], ignore_index = True)

print('"家电销售表_1"的形状: ', df1.shape)
print('"家电销售表_2"的形状: ', df2.shape)
print('合并后的数据集形状: ',df.shape)

df.to_excel(r'D:/code/data/家电销售表.xlsx', index = False)
```

程序运行结果如下：

```
"家电销售表_1"的形状: (7, 7)
"家电销售表_2"的形状: (8, 7)
合并后的数据集形状: (15, 7)
```

2. 数据集的连接

分析数据时，可以根据一个或多个字段将不同的数据集连接起来，一般是将两个数据集中重叠的列作为连接的字段，在 pandas 中使用 merge()函数。其使用的语法形式如下：

```
pandas.merge(left, right, how, on, left_on, right_on, suffixes)
```

参数说明：

(1)left，right：要连接的两个数据集。

(2)on：连接字段，如果没有指定连接字段，则默认根据两个数据集的同名字段连接；如果不存在同名字段，则报错。

(3)how：两个数据集中的记录如何连接在一起，有多个取值（inner、left、right、outer），默认值为"inner"，表示将相同字段的样本连接在一起。

（4）left_on，right_on：当两个数据集中存在语义相同但名称不同的字段时，使用这两个参数分别指定连接字段。

（5）suffixes：两个数据集中同名字段的后缀，默认值为('_x'，'_y')。

【例 9.33】　创建名字为"left"和"right"的两个 DataFrame 数据对象，使用 merge()函数连接两个数据对象。

程序代码如下：

```
#例 9.33
import pandas as pd

left = pd.DataFrame({'key':['K0', 'K1', 'K2'],
                     'A':['A0', 'A1', 'A2'],
                     'B':['B0', 'B1', 'B2']})

right = pd.DataFrame({'key':['K0', 'K1', 'K2', 'K3'],
                      'C':['C0', 'C1', 'C2', 'C3'],
                      'D':['D0', 'D1', 'D2', 'D3']})

Inner = pd.merge(left, right, on = 'key', how = 'inner')    #内连接
Outer = pd.merge(left, right, on = 'key', how = 'outer')    #外连接
Left = pd.merge(left, right, on = 'key', how = 'left')      #左连接
Right = pd.merge(left, right, on = 'key', how = 'right')    #右连接

print('left 数据集: \n', left)
print('-'*70)
print('right 数据集: \n', right)
print('-'*70)
print('内连接的结果: \n', Inner)
print('-'*70)
print('外连接的结果: \n', Outer)
print('-'*70)
print('左连接的结果: \n', Left)
print('-'*70)
print('右连接的结果: \n', Right)
```

程序运行结果如下：

```
left 数据集:
   key  A   B
0  K0   A0  B0
1  K1   A1  B1
2  K2   A2  B2
----------------------------------------------------------------------
```

```
right 数据集：
    key    C    D
0   K0    C0   D0
1   K1    C1   D1
2   K2    C2   D2
3   K3    C3   D3
------------------------------------------------------------------
内连接的结果：
    key    A    B    C    D
0   K0    A0   B0   C0   D0
1   K1    A1   B1   C1   D1
2   K2    A2   B2   C2   D2
------------------------------------------------------------------
外连接的结果：
    key    A    B    C    D
0   K0    A0   B0   C0   D0
1   K1    A1   B1   C1   D1
2   K2    A2   B2   C2   D2
3   K3    NaN  NaN  C3   D3
------------------------------------------------------------------
左连接的结果：
    key    A    B    C    D
0   K0    A0   B0   C0   D0
1   K1    A1   B1   C1   D1
2   K2    A2   B2   C2   D2
------------------------------------------------------------------
右连接的结果：
    key    A    B    C    D
0   K0    A0   B0   C0   D0
1   K1    A1   B1   C1   D1
2   K2    A2   B2   C2   D2
3   K3    NaN  NaN  C3   D3
```

 本章小结 ┈┈

本章介绍了 pandas 中的基本数据结构及其在数据分析中的应用，其主要内容如下：

（1）pandas 是 Python 中用于数据分析的扩展库，它为 Python 数据分析提供了性能高，且易于使用的两种数据结构，即 Series 和 DataFrame。其中，Series 是带标签的一维数据结构，DataFrame 是带标签的二维数据结构。

（2）Series 结构是一种类似一维数组的结构，由一组标签（index）和一组数据值（values）组成，可以利用 Python 中的列表、元组、字典、range 对象或 numpy 一维数组等创建。

（3）DataFrame 结构是一个二维表格，由 index（行索引或行标签）、columns（列索引或列标签)和 values(值)三部分组成,可以利用 Python 中的二维列表、字典、numpy 二维数组等创建。

(4)DataFrame 对象是一个二维的表格结构,与二维数组类似,可以通过下标或布尔型索引访问数据操作,对其进行增、删、改、查等修改操作,以及对数据排序。

(5)在 pandas 中,创建 Series 对象和 DataFrame 对象时都会用到索引,如果我们需要的数据与时间相关,则可以使用时间序列作为索引。

(6)数据分析的数据一般来源于外部数据,如常用的 csv 文件、Excel 文件或数据库文件等。pandas 可以将保存在上述文件中的外部数据导入后转换为 DataFrame 数据格式,然后通过 pandas 进行数据处理,最后可用 pandas 把处理结果保存到外部文件中。

(7)在进行数据分析时,原始数据中可能存在不完整、不一致、有异常的数据,从而影响数据分析的结果。数据预处理可以提高数据的质量,满足数据分析的要求,提升数据分析的效果。数据预处理包括数据清洗和数据加工。数据清洗主要是发现和处理原始数据中存在的缺失值、重复值和异常值,以及无意义的数据;数据加工是对原始数据的变换,通过计算、转换、分类、重组数据发现更有价值的数据形式。

(8)pandas 提供了强大的分析结构化数据的功能,结合相关数据集介绍了数据查询、分组统计、分区统计、数据透视表以及数据的合并与连接等常用的数据分析方法。

1. 单选题

(1)Python 中具有强大的结构化数据分析功能的扩展库是(　　)。

A. numpy　　　　　B. pandas　　　　　C. math　　　　　D. random

(2)pandas 中两个主要的数据结构是(　　)。

A. List,Tuple　　　　　　　　　　B. Set,Dict

C. Series,DataFrame　　　　　　　D. Table,ndarray

(3)pd 是 pandas 模块的别名。若 s=pd. Series([1,3,5,2,4]),则 s[2]=(　　)。

A. 2　　　　　　　B. 3　　　　　　　C. 5　　　　　　　D. [1,3]

(4)建立 DataFrame 对象的方法有(　　)。

A. 利用二维数组创建 DataFrame 对象

B. 利用 Python 字典创建 DataFrame 对象

C. 通过导入文件的方法创建 DataFrame 对象

D. 以上方法都可以

(5)以下关于 pandas 数据结构的说法,正确的是(　　)。

A. Series 是带标签的一维数组

B. DataFrame 中每一列的数据类型都是 Series

C. 可以通过导入文件的方法创建 DataFrame 对象

D. 以上说法都正确

（6）对 DataFrame 对象中的数值排序，使用的方法是（   ）。

A. sort   B. groupby   C. sort_values   D. sort_index

（7）有如下形式的 DataFrame 对象 df，则 df.iloc[2,1]的结果是（   ）。

	X1	X2	X3
A	11	12	26
B	10	21	17
C	25	33	36
D	30	15	26

A. 25   B. 12   C. 33   D. 17

（8）有如下形式的 DataFrame 对象 df，要查询 B 行 X2 列的数据，正确的语句是（   ）。

	X1	X2	X3
A	11	12	26
B	10	21	17
C	25	33	36
D	30	15	26

A. df   B. df['B','X2']

C. df.iloc   D. df.loc['B','X2']

（9）有如下形式的 DataFrame 对象 df，查询 X1 列中大于 20 的记录，正确的语句是（   ）。

	X1	X2	X3
A	11	12	26
B	10	21	17
C	25	33	36
D	30	15	26

A. df[df['X1']>20]   B. df['X1']>20

C. df[X1>70]   D. X1>20

（10）有如下形式的 DataFrame 对象 df，查询 X1 和 X3 两列中都大于 20 的记录，正确的查询语句是（   ）。

	X1	X2	X3
A	11	12	26

```
B  10  21  17
C  25  33  36
D  30  15  26
```

A. df[(df['X1']>20)and (df['X3']>20)]

B. df[(df['X1']>20)& (df['X3']>20)]

C. df[df['X1']>20 and df['X3']>20]

D. df[df['X1']>20 & df['X3']>20]

(11)有如下形式的 DataFrame 对象 df,查询 X1 列中大于 20,或者 X2 列中大于 20 的记录,正确的查询语句是(　　)。

```
   X1  X2  X3
A  11  12  26
B  10  21  17
C  25  33  36
D  30  15  26
```

A. df[df['X1']>20 | df['X2']>20]

B. df[df['X1']>20 or df['X2']>20]

C. df[(df['X1']>20)| (df['X2']>20)]

D. df[(df['X1']>20)or (df['X2']>20)]

(12)以下关于 DataFrame 对象排序操作的说法,正确的是(　　)。

A. 可以按 DataFrame 对象的行索引排序

B. 可以按 DataFrame 对象的列标签排序

C. 可以按 DataFrame 对象中的数值大小排序

D. 以上说法都对

(13)以下关于数据分析的说法,错误的是(　　)。

A. 数据分析的目的是展示数据

B. 进行数据分析时,必须先明确分析目标

C. 数据分析既需要计算机技术也需要业务知识

D. 通过数据分析可以获得所研究对象的内在规律

(14)利用 DataFrame 对象的 info()方法,可以了解的信息是(　　)。

A. DataFrame 对象中的记录数　　　　B. DataFrame 对象中的字段名

C. DataFrame 对象中各个字段的数据类型　D. 以上都可以

(15)将.txt 格式的文件导入为 DataFrame 对象,应使用的语句是(　　)。

A. read_txt　　　　B. get_txt　　　　C. read_table　　　D. get_table

(16)利用 DataFrame 对象的 describe 方法,可以查看的信息是(　　)。

A. DataFrame 对象中所有字段的均值

B. DataFrame 对象中数值型字段的最大值和最小值

C. DataFrame 对象中各字段的数据类型

D. 以上都可以

(17)利用 DataFrame 对象的 describe 方法考查某个文本型字段,在显示的信息中不包括(   )。

A. 该字段的记录数量

B. 该字段中不重复值的数量

C. 该字段的最大值

D. 该字段中出现次数最多的值及其出现的次数

(18)将 DataFrame 对象中的数据保存到 Excel 文件,应使用的语句是(   )。

A. to_excel   B. put_excel   C. save_excel   D. write_excel

(19)缺失值在 pandas 中表示为(   )。

A. Null   B. NaN   C. 0   D. ″

(20)以下关于数据预处理的说法,正确的是(   )。

A. 数据预处理包括数据清洗和数据加工

B. 通过数据加工可以得到原始数据中没有的数据特征

C. 通过数据清洗可以清除原始数据中的缺失值、重复值和异常值

D. 以上都对

(21)查看 DataFrame 对象中是否存在缺失值的方法是(   )。

A. info   B. describe   C. isnull   D. 以上都可以

(22)删除 DataFrame 对象中缺失值的方法是(   )。

A. cut   B. delete   C. dropna   D. 以上都可以

(23)填充 DataFrame 对象中缺失值的方法是(   )。

A. fill   B. fillna   C. put   D. replace

(24)删除 DataFrame 对象中异常值的方法是(   )。

A. cut   B. drop   C. dropna   D. delete

(25)查看 DataFrame 对象中是否存在重复值的方法是(   )。

A. info   B. copy   C. duplicated   D. repeat

(26)删除 DataFrame 对象中重复值的方法是(   )。

A. cut   B. delete

C. drop_repeat   D. drop_duplicates

(27)若要对 DataFrame 对象中的数据分组统计,应使用的分组方法是(   )。

A. group   B. groupby   C. order   D. orderby

（28）若要对 DataFrame 对象中的数据分组统计，则分组后可使用的聚合方法是（　　）。

　　A. agg　　　　　　　　B. group　　　　　　　　C. sort　　　　　　　　D. merge

（29）若 DataFrame 对象中包含 c1、c2、c3 三列，则以下关于 DataFrame 对象分组统计操作的说法中正确的是（　　）。

　　A. 可以使用 c1 和 c2 两列实现多级分组

　　B. 可以按 c1 列分组统计 c2 和 c3 两列的平均值

　　C. 可以按 c1 列分组统计 c2 列数据的最大值和最小值

　　D. 以上说法都正确

（30）以下关于数据透视表的说法，错误的是（　　）。

　　A. 数据透视表是对 DataFrame 对象中的数据快速分类汇总的一种分析方法

　　B. 利用数据透视表可以在行和列的方向同时对数据分组聚合

　　C. 对任何结构的 DataFrame 对象都可以建立数据透视表

　　D. 对长表结构的 DataFrame 对象才能建立数据透视表

2. 编程题

(1)有如图 9－1 所示的数据集，请完成以下操作：

```
     姓名    语文    数学    英语
0  徐小君     58     69     75
1   程俊      94     89     91
2   黄威      82     87     88
3   钟华      72     64     85
4  郎怀民     85     71     70
5  谷金力     87     80     75
6  张南玲     78     64     76
```

图 9－1　数据集

①创建如图 9－1 所示的 DataFrame 对象 df；

②将数据集按"语文"列数据降序排序；

③将排好序的数据写入 Excel 文件，文件名为"成绩表. xlsx"。

(2)已知有两个 Excel 文件："学生信息表. xlsx"和"期末考试成绩表. xlsx"，分别用于存放学生基本信息(包括学号、姓名、性别、班级)和学生的期末考试成绩(包括学号、姓名、高等数学、大学英语、程序设计、体育)，完成以下操作：

①使用 pandas 导入两个 Excel 文件生成 DataFrame 对象，并根据学号和姓名将这两个对象合并生成新的 DataFrame 对象，后面的题目都是对新对象进行操作；

②添加一个总分列并计算每位同学的总分；

③实现按总分降序排序;

④查询有一门课程不及格的学生名单;

⑤查询"高等数学"的最高分、最低分及平均分;

⑥计算出 2 班男生"程序设计"的平均分;

⑦查询各班"体育"的最高分、最低分及平均分;

⑧根据总分按照[0,240,280,320,360,400]间距将学生成绩划分成不及格、及格、中等、良好、优秀等级;

⑨制作数据透视表,分析各个班男女同学的总分平均分。

第10章

数据可视化

　　数据可视化是指以图表的形式展示数据,从而更直观清晰地发现数据之间的关系,旨在借助图形化手段,清晰有效地将数据中的各种属性和变量呈现出来,使用户从不同维度观察数据,进而对数据进行更深入的观察和分析。本章主要介绍使用 Matplotlib 和 pandas 中的绘图功能。

10.1　绘图基础

　　1. 常见的图表类型

　　图表是指在屏幕中可以直观地展示统计信息、对知识挖掘和信息生动感受起关键作用的图形结构。相较于数值和文字,合理的数据图表描述更加清晰,可以更加直观地反映数据之间的关系,更好地呈现数据变化的趋势,以便人们对研究做出合理的推断和预测。常见的图表有折线图、直条图、散点图、直方图、饼图、箱形图等。

　　(1)折线图

　　折线图常用来表示数据趋势,展示数据在时间序列上的变化情况。通过线条的波动趋势判断在不同时间区间数据是呈上升趋势还是下降趋势,数据变化是呈平稳趋势还是波动趋势,同时可以根据折线的高点和低点找到数据的波动峰顶和谷底。

　　(2)直条图

　　直条图包括柱形图和条形图两种,通常用于基于分类或时间的数据比较。柱形图中的直条是竖直放置的,使用柱形的高度表示数值的大小;条形图中的直条是水平放置的,使用条形的长度表示数值的大小。直条还可以在竖直方向或水平方向堆积,形成堆积型直条图,常用来比较同类别变量和不同类别变量的总和差异。

　　(3)散点图

　　散点图常用来展示数据的分布或比较两个变量之间的关系,显示趋势、数据集群的形状以及数据云团中各数据点的关系,据此查看是否存在离群点(偏离大多数点较多的点),

从而判断数据集中是否存在异常值，或者根据数据点的分布推断变量之间的相关性。

（4）直方图

直方图是一种展示数据频数的统计图表，常用于比较各分组数据的数量分布。

（5）饼图

饼图是一种被划分为多个扇形的圆形统计图表，常用于比较百分比之间的相对关系。

（6）箱形图

箱形图也称作盒须图、盒式图或箱线图，是一种用作显示一组数据分散情况资料的统计图，因形状如箱子而得名，在各种领域中也经常被使用。箱形图包含六个数据节点，会将一组数据按照从大到小的顺序排列，分别计算出它的上边缘、上四分位数、中位数、下四分位数、下边缘，还有一个异常值。箱形图提供了一种只用 5 个点对数据集做简单总结的方式。

2. 图表的构成

图 10-1 列出了一个图表的主要组成元素，主要包括：

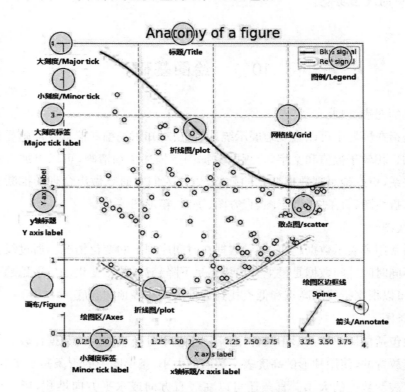

图 10-1　matplotlib 图表主要组成元素

（1）画布（Figure）：表示一个绘图容器，它可以划分为多个子图（Axes）。

（2）子图（Axes）：表示一个带坐标系的绘图区域。

（3）坐标轴（Axis）：在坐标系中的概念，它包含刻度和刻度标签，主要有 x 轴和 y 轴

（4）坐标轴标题（Label）：x 轴和 y 轴的名称。

（5）图表标题（Title）：用来说明整个图表的核心主题。

（6）图例（Legend）：一般位于图表的下方或右方，说明不同的符号或颜色所代表的不同内容与指标，有助于认清图。

（7）数据标签（Text）：用于展示图表中的数值。

（8）图表注释（Annotate）：与数据标签的作用类似，都是便于看图者更快地获取图表信息。

（9）网格线（Grid）：坐标轴的延伸，通过网格线可以更加清晰地看到每个点大概在什么位置，值大概是多少。

3.画图的基本步骤

（1）准备好绘图的数据源。

（2）创建画布，如果需要多个子图，则要在画布内创建对应的子图。

（3）选择合适的图表类型。

（4）调用 Matplotlib 或 pandas 库中的绘图功能绘制图表。

（5）根据需要设置图表标题、坐标轴标题、图例、数据标签、网格线等图表元素。

10.2　Matplotlib 绘图

Matplotlib 是 Python 进行数据分析的一个重要的可视化工具，它依赖于 numpy 模块和 tkinker 模块，只需几行代码就可以快速画出多种图形，如折线图、箱形图、散点图等。

Matplotlib 绘图主要是使用它的绘图模块 pyplot 来完成，使用的时候要先导入该模块，约定俗成的导入方式为：

```
import matplotlib.pyplot as plt
```

注意：如果要在图表中正常显示中文或坐标轴的负号刻度，则要设置如下两个参数：

```
plt.rcParams['font.sans-serif'] = ['SimHei']        #设置字体正常显示中文
plt.rcParams['axes.unicode_minus'] = False          #设置坐标轴正常显示负号
```

10.2.1　Matplotlib 基本绘图函数

本节主要介绍 Matplotlib. pyplot 模块中的基本绘图函数，如表 10—1 所示。

表 10—1 Matplotlib. pyplot 模块中的基本绘图函数

类 别	函数名	功 能
创建画布	figure()	创建空白画布
创建子图(绘图区)	subplot()	在画布上创建单个子图
	subplots()	在画布上创建多个子图
	add_subplot()	在画布中添加并选中子图
绘制图形	plot()	绘制折线图
	bar()	绘制柱形图
	barh()	绘制条形图
	pie()	绘制饼图
	scatter()	绘制散点图
	hist()	绘制直方图
	boxplot()	绘制箱形图
设置图表元素	title()	添加图表标题
	xlabel(),ylabel()	设置对应坐标轴标题
	xlim(),ylim()	设置对应坐标轴刻度范围
	xticks(),yticks()	设置对应坐标轴刻度标签
	legend()	设置图例
	text(x,y,s,fontdict)	设置数据标签
	grid(b=None,which='major',axis='both')	设置网格线
	annotate(text,xy)	设置注释
显示图形	show()	在屏幕显示图表
保存图形	savefig()	保存绘制的图形

10.2.2 通过 figure()函数创建画布

在 pyplot 模块中,调用 figure()函数创建一张新的空白画布,用于放置图表的各种组件,例如图例、坐标轴等。其使用的语法形式如下:

```
figure(num=None, figsize=None, dpi=None, facecolor=None, edgecolor=None,
frameon=True, FigureClass=<class 'matplotlib.figure.Figure'>, clear=False,
**kwargs)
```

主要参数说明:

(1)num:参数整数或字符串,为可选。如果没有传值,则采用自增值,可通过 number 属性访问;如果传递整数,则检查是否存在对应的图,存在则直接返回,否则创建新的图;如果传递字符串,则设置为窗口的标题。

(2)figsize:用于设置画布的尺寸,为可选。宽度、高度,单位为英寸,默认为[6.4,4.8]。

(3)dpi:用于设置图形的分辨率,为可选,默认为 100。

(4)facecolor:背景颜色,默认为白色。

（5）edgecolor：边框颜色，默认为白色，默认看不出效果，需要将 linewidth 设置为一个比较大的值才能观察到。

（6）frameon：是否绘制边框颜色和背景，默认为 True。

（7）FigureClass：图对应的类。

（8）clear：是否清空画布，默认为 False。当设置为 True，且图已存在时，清空已有内容。

【例 10.1】 使用 figure()函数创建一个空白画布。

程序代码如下：

```
#例10.1
import matplotlib.pyplot as plt      #导入库
plt.figure('figure_demo', facecolor = 'green', edgecolor='red',linewidth=
6)    #创建画布
plt.show()      #显示图形
```

程序运行结果如图 10—2 所示：

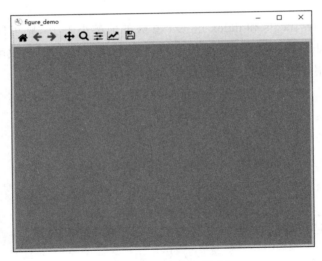

图 10—2 新建的空白画布

10.2.3 通过 subplot()函数创建子图

有时，我们需要在同一画布上绘制多个图形，而不是在多个画布中绘制多个图形。Figure 对象可以被划分为多个绘图区域，每个绘图区域都是一个 Axes 对象，每个 Axes 对象都拥有自己的坐标系，被称为子图。

如果要在画布上创建子图，则可以通过 subplot()函数实现。其使用的语法形式如下：

```
subplot(nrows, ncols, index, **kwargs)
```

主要参数说明：

（1）nrows：画布被划分成多个绘图区域的行数。

（2）ncols：画布被划分成多个绘图区域的列数。

（3）index：表示绘图区域的索引。

subplot()函数会将画布等分为"nrows×ncols"的矩阵绘图区域，然后按照从左到右、从上到下的顺序对每个区域编号。其中，位于左上角的子区域编号为1，依次递增。

例如，将画布划分为2×2（两行两列）的矩阵绘图区域，每个区域编号如图10-3所示。

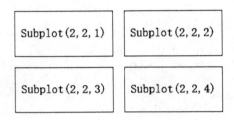

图10-3　不同绘图区域的编号

注意：如果 nrows、ncols 和 index 这三个参数的值都小于 10，则可以把它们简写为一个实数，例如，subplot(323)和 subplot(3,2,3)是等价的；subpolt()函数可以将画布划分为多个子图，但每调用一次该函数只创建一个子图。

【例 10.2】　在一个画布中创建 3 个子图，然后分别在 3 个子图上绘制简单的图形。

程序代码如下：

```
#例10.2
import matplotlib.pyplot as plt    #导入库
import numpy as np

n = np.arange(0,11)    #生成0～10的数组
#分成2×2的矩阵区域，占用编号为1的区域，即第1行第1列的子图
plt.subplot(2,2,1)
#在选中的子图上绘制图形
plt.plot(n, n)
#分成2×2的矩阵区域，占用编号为2的区域，即第1行第2列的子图
plt.subplot(222)
#在选中的子图上绘制图形
plt.plot(n, -n)
#分成2×1的矩阵区域，占用编号为2的区域，即第2行的子图
plt.subplot(2,1,2)
#在选中的子图上绘制图形
plt.plot(n, n**2)

plt.show()
```

程序运行结果如图 10−4 所示：

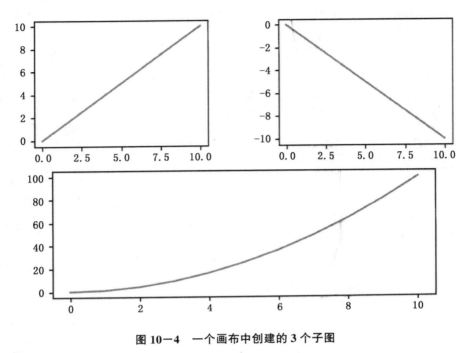

图 10−4　一个画布中创建的 3 个子图

10.2.4　通过 subplots()函数创建多个子图

如果要在一个画布中一次性创建多个子图,则可以通过 subplots()函数完成。其使用的语法形式如下：

```
subplots(nrows=1, ncols=1, *, sharex=False, sharey=False, squeeze=True, subplot_kw=None, gridspec_kw=None, **fig_kw)
```

主要参数说明：

(1)nrows,ncols:子图网格的行数、列数,默认为 1,即默认创建一行一列的单个子图。

(2)sharex,sharey:表示控制 x 或 y 轴是否共享,默认值为 False。若设为"True"或"all",则表示 x 轴或 y 轴在所有的子图中共享;若设为"False"或"None",则每个子图的 x 轴或 y 轴是独立的;若设为"row",则每个子图沿行方向共享 x 轴或 y 轴;若设为"col",则每个子图沿列方向共享 x 轴或 y 轴。

subplots()函数会返回一个元组,元组的第一个元素为 Figure 对象(画布),第二个元素为 Axes 对象(子图,包含坐标轴和画的图)或 Axes 对象数组。如果创建的是单个子图,则返回的是一个 Axes 对象,否则返回的是一个 Axes 对象数组。

【例 10.3】　使用 subplots()函数在画布中创建 4 个子图,并在每个子图上绘制图形。

程序代码如下：

```
#例10.3
import matplotlib.pyplot as plt      #导入库
import numpy as np

n = np.arange(0, 11)
fig, axes = plt.subplots(2, 2)       #创建了4个子图（2行2列），返回子图数组axes
ax1 = axes[0, 0]   #根据索引[0, 0]从Axes对象数组中获取第1个子图
ax2 = axes[0, 1]   #根据索引[0, 1]从Axes对象数组中获取第2个子图
ax3 = axes[1, 0]   #根据索引[1, 0]从Axes对象数组中获取第3个子图
ax4 = axes[1, 1]   #根据索引[1, 1]从Axes对象数组中获取第4个子图
#在选中的子图上作图
ax1.plot(n, n)
ax2.plot(n, -n)
ax3.plot(n, n**2)
ax4.plot(n, np.log(n))

plt.show()
```

程序运行结果如图 10-5 所示：

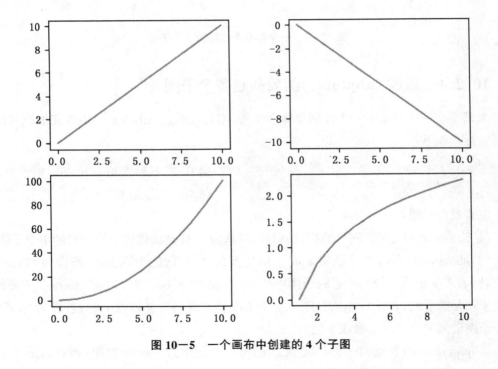

图 10-5　一个画布中创建的 4 个子图

10.2.5　通过画布对象的 add_subplot()方法添加子图

除了前几节介绍的创建绘图区域的方法外,还可以通过 Figure 对象(画布)的 add_

subplot()方法向画布中添加子图。其使用的语法形式如下：

```
add_subplots(*args, **kwargs)
```

参数说明：

＊args：该参数可以是一个三位的整数（百位表示子图的行，十位表示子图的列，个位表示子图的索引）或者三个独立的整数，用于描述子图的位置（例如"nrow，ncol，index"，其中，nrow 和 ncol 表示 Figure 对象分割成 nrow×ncol 大小的区域；index 表示创建子图的索引，注意 index 从 1 开始编号）。

subplots()函数会返回一个元组，元组的第一个元素为 Figure 对象（画布），第二个元素为 Axes 对象（子图，包含坐标轴和画的图）或 Axes 对象数组。如果创建的是单个子图，则返回的是一个 Axes 对象，否则返回的是一个 Axes 对象数组。

注意：每调用一次 add_subplot()方法只会在画布的指定位置添加子图，然后就可以在添加的子图上绘制相应的图形。

【例 10.4】　创建一个画布，将画布规划成 2 行 2 列的矩阵区域，在画布的第 1、3、4 位置各添加一个子图，并在编号为 3 的子图中绘制图形。

程序代码如下：

```
#例10.4
import matplotlib.pyplot as plt
import numpy as np

n = np.arange(0, 11)
fig = plt.figure()      #创建画布

fig.add_subplot(2, 2, 1)      #在画布编号为1的位置添加子图
fig.add_subplot(2, 2, 4)      #在画布编号为4的位置添加子图
fig.add_subplot(223)       #在画布编号为3的位置添加子图

plt.plot(n, n**2)      #在编号为3的子图上绘制图形

plt.show()
```

程序运行结果如图 10-6 所示：

10.2.6　绘制折线图

使用 plot()函数绘制折线图，其语法形式如下：

```
plt.plot(x, y, color, linestyle, linewidth, marker, markersize, alpha)
```

参数说明：

（1）x，y：x 轴和 y 轴的数据，可以是列表或数组。

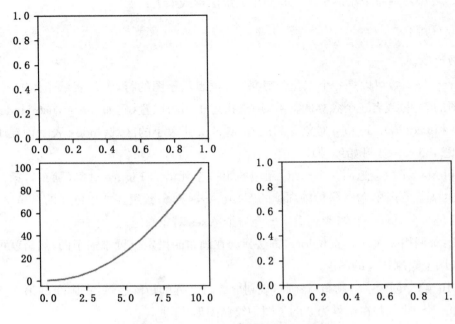

图 10—6 2 行 2 列的矩阵区域画布

(2)color:线条的颜色,一般是对应颜色的英文单词的首字母。

(3)linestyle,linewidth:线条的样式和宽度。

(4)marker,markersize:折线上每个点的标记和大小。

(5)alpha:颜色的透明度,取值为 0～1,默认值为 1,表示不透明。

表 10—2、表 10—3、表 10—4 分别列出了 color、linestyle、marker 参数的取值及对应的含义。

表 10—2 　　　　　　　　　　　　　　**color 参数取值及对应含义**

参数取值	含　义	参数取值	含　义
b	蓝色(blue)	m	洋红色(magenta)
g	绿色(green)	y	黄色(yellor)
r	红色(red)	K	黑色(black)
c	青绿色(cyan)	w	白色(white)

表 10—3 　　　　　　　　　　　　　　**linestyle 参数取值及对应含义**

参数取值	含　义	参数取值	含　义
—	实线	:	短虚线
——	长虚线	—.	点划线

表 10—4　　　　　　　　　　　　　　marker 参数取值及对应含义

参数取值	含　义	参数取值	含　义
d	小菱形	D	菱形
h	六边形（边朝上）	H	六边形（角朝上）
o	实心圆	p	五边形
s	正方形	x	X字
+	+字	v	下三角形
*	星号	^	上三角形
.	点	<	左三角形
|	竖线	>	右三角形
1	下三角	2	上三角
3	左三角	4	右三角

注意：三个参数的字符顺序可以打乱，取值可以只取部分；linestyle 参数未设置时将不显示线条；marker 参数未设置时则不显示数据点；三个参数的字符可以组合使用，例如"bo:"表示"红色的虚线，数据点用星号表示"。

【例 10.5】　打开"D:\code\data"路径下的"销售额. csv"文件，绘制"日用品"各季度销量的折线图。

程序代码如下：

```
#例10.5
import pandas as pd
import matplotlib.pyplot as plt

plt.rcParams['font.sans-serif'] = ['SimHei']

df = pd.read_csv(r'D:/code/data/销售额.csv', index_col = 0, encoding = 'gbk')
#导入文件

#准备数据
x = df.index        #x 轴数据
y = df['日用品'].values      #y 轴数据

plt.figure()        #创建画布

plt.plot(x, y)       #绘制折线图
plt.title('日用品各季度销售额')       #设置图表标题
plt.ylabel('销售额（万元）')       #设置 y 轴标题

plt.show()
```

程序运行结果如图 10－7 所示：

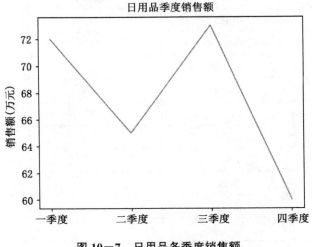

图 10－7　日用品各季度销售额

【例 10.6】　打开"D:\code\data"路径下的"销售额.csv"文件,绘制各类产品各季度销售额的折线图。

程序代码如下：

```
#例10.6
import pandas as pd
import matplotlib.pyplot as plt

plt.rcParams['font.sans-serif'] = ['SimHei']

#准备数据
df = pd.read_csv(r'D:/code/data/销售额.csv', index_col = 0, encoding = 'gbk')
#导入文件
x = df.index        #x 轴数据
y = df.values       #y 轴数据
legend = df.columns     #准备图例数据（列标签作为图例）

plt.figure()    #创建画布
plt.plot(x, y, '*-')        #绘制图形线条用实线，数据点用星号
plt.legend(legend)      #设置图例
plt.title('各类产品各季度的销售额比较图')       #设置图表标题
plt.ylabel('销售额（万元）')       #设置 y 轴标题
plt.xlabel('季度')         #设置 x 轴标题
plt.show()
```

程序运行结果如图 10－8 所示：

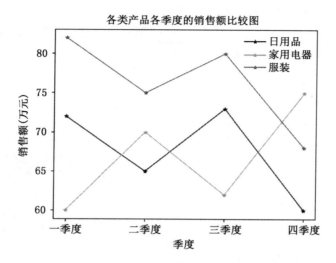

图 10—8　各类产品各季度的销售额比较图

10.2.7　绘制直条图

直条图包括柱形图和条形图,分别使用 bar()和 barh()函数绘制。

bar()函数的语法形式如下:

```
plt.bar(x,height,width = 0.8, bottom = None, align='center',color)
```

参数说明:

(1)x:x 轴的位置序列,即每个柱子的位置。

(2)height:y 轴数据,即柱子的高度。

(3)width:图形中每个柱子的宽度,默认值为 0.8。

(4)bottom:每个柱子底部在 y 轴的位置,默认值为 0。

(5)color:柱子的颜色。

(6)align:对齐方式,默认为 center。

barh()函数的语法形式如下:

```
plt.barh(y, width, height = 0.8, left, color,align = 'center')
```

参数说明:

(1)y:y 轴的位置序列,即每个条子的位置。

(2)width:x 轴数据,即条子的长度。

(3)height:图形中每个条子的宽度,默认值为 0.8。

(4)left:每个条子左侧在 x 轴的位置,默认值为 0。

(5)color:条子的颜色。

(6)align：对齐方式，默认为 center。

【例 10.7】 打开"D:\code\data"路径下的"期末成绩表. csv"文件，在同一个画布中，绘制"电子商务 1 班"的成绩柱形图和"电子商务 2 班"的成绩条形图。

程序代码如下：

```
#例 10.7
import pandas as pd
import matplotlib.pyplot as plt

plt.rcParams['font.sans-serif'] = ['SimHei']

#准备初始数据
df = pd.read_csv(r'd:/code/data/期末成绩表.csv', index_col = 0, encoding =
'gbk')    #导入文件
data1 = df['电子商务 1 班']

#创建空白画布对象 fig
fig = plt.figure(figsize = [10, 4])

#在画布中创建一个子图，用于绘制柱形图
fig.add_subplot(1, 2, 1)    #1 表示 1 行，2 表示 2 列，1 表示第 1 个轴域

#准备柱形图数据
x = data1.index
heigh = data1.values

#绘制图形
plt.bar(x, heigh, width = 0.5, color = 'green')

#设置图表元素
plt.title('电子商务 1 班期末各科平均分')      #设置标题
plt.xlabel('各科科目')     #x 轴标题
plt.ylabel('各科分数')     #y 轴标题
for i in range(len(heigh)):     #为每个柱子设置数据标签
    plt.text(i, heigh[i], heigh[i])

plt.xticks(rotation=30, fontsize = 10)      #设置 x 轴数据标签旋转角度及文字大小

#在画布中添加第 2 个子图，用于绘制条形图
fig.add_subplot(1, 2, 2)    #1 表示 1 行，2 表示 2 列，2 表示第 2 个轴域

data2 = df['电子商务 2 班']
#准备条形图数据
y = data2.index
width = data2.values
```

```
#绘制图形
plt.barh(y, width, height = 0.5)

#设置图表元素
plt.title('电子商务 2 班期末各科平均分')        #设置标题
plt.xlabel('各科分数')      #y 轴标题
plt.ylabel('各科科目')      #x 轴标题
plt.yticks(rotation = 70,fontsize = 10)        #设置 y 轴数据标签旋转角度及文字大小

plt.show()
```

程序运行结果如图 10-9、图 10-10 所示：

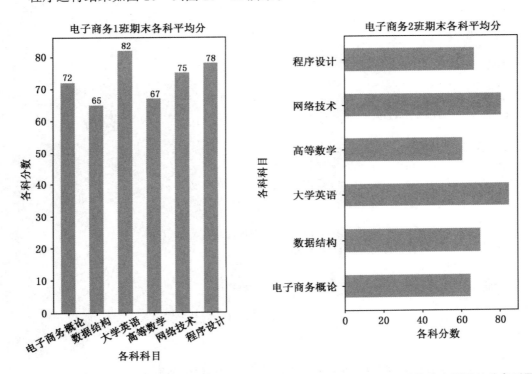

图 10-9　电子商务 1 班期末各科平均分柱形图　　图 10-10　电子商务 2 班期末各科平均分条形图

【例 10.8】　打开"D:\code\data"路径下的"期末成绩表.csv"文件，绘制"电子商务 1 班"和"电子商务 2 班"的各科期末平均成绩的对比柱形图。

程序代码如下：

```
#例10.8
import pandas as pd
import matplotlib.pyplot as plt

plt.rcParams['font.sans-serif'] = ['SimHei']

#准备初始数据
df = pd.read_csv(r'd:/code/data/期末成绩表.csv', index_col = 0, encoding =
'gbk')    #导入文件
data1 = df['电子商务1班']
data2 = df['电子商务2班']

#创建画布
plt.figure()

#准备柱形图数据
x = range(len(data1.index))
heigh1 = data1.values
heigh2 = data2.values

#绘制图形
plt.bar(x, heigh1, width = 0.4)
plt.bar([i + 0.4 for i in x], heigh2, width = 0.4)

#设置图表元素
plt.title('电子商务1、2班期末各科平均分对比图')      #标题
plt.xlabel('各科科目')     #x轴标题
plt.ylabel('各科分数')     #y轴标题
plt.xticks(x, data1.index)     #设置x轴数据标签

for i in range(len(heigh1)):     #为每个柱子设置数据标签
    plt.text(i, heigh1[i], heigh1[i])

for i in range(len(heigh2)):     #为每个柱子设置数据标签
    plt.text(i+0.4, heigh2[i], heigh2[i])

plt.show()
```

程序运行结果如图10—11所示：

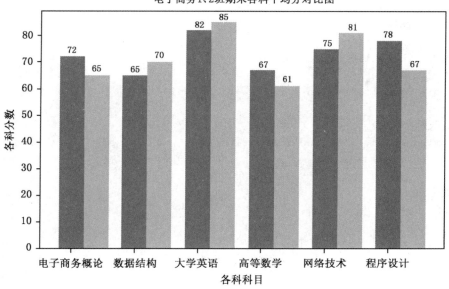

图 10—11　电子商务 1、2 班期末各科平均分对比图

10.2.8　绘制饼图

饼图表示一个数据系列中各项的大小与各项总和的比例关系,使用 pie()函数来绘制,其语法形式如下:

```
plt.pie(x,explode,labels,colors,atuopct,pctdistance=0.6,labeldistance=
1.1,startangle=0,radius=1)
```

参数说明:

(1)x:绘图数据。

(2)explode:图中每块扇形与圆心的距离,若值小于 0,则表示分离型饼图。

(3)labels:每块扇形的文字标签。

(4)colors:每块扇形的颜色。

(5)atuopct:每块扇形的数值的百分数格式,用格式化字符串设置。

(6)pctdistance:数值标签与圆心的距离,默认值为 0.6。

(7)labeldistance:文字标签位置,默认值为 1.1,表示在 1.1 倍半径的位置;当值小于 1 时,表示在饼图内部显示。

(8)startangle:初始角度,默认值为 0,表示从 x 轴的正方向逆时针开始。

(9)radius:饼图的半径,默认值为 1。

【例 10.9】　打开"D:\code\data"路径下的"销售额. csv"文件,绘制各类产品总销售额的比例图。

程序代码如下：

```
#例 10.9
import pandas as pd
import matplotlib.pyplot as plt

plt.rcParams['font.sans-serif'] = ['SimHei']

#准备数据
df = pd.read_csv(r'd:/code/data/销售额.csv', index_col = 0, encoding = 'gbk')
data = df.sum(axis = 0)

#创建空白画布
plt.figure()

labels = data.index      #准备标签数据
explode = [0, 0, 0.05]       #设置每块扇形的分离距离

#绘制图形
plt.pie(data, explode = explode, labels = labels, autopct = '%0.0f%%')

#设置标题
plt.title('各类产品总销售额比例图', fontdict={'fontsize':16, 'color':'red'})
plt.show()
```

程序运行结果如图 10－12 所示：

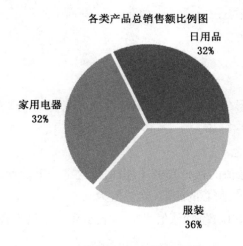

图 10－12　各类产品总销售额比例图

10.2.9　绘制散点图

散点图是以一个变量为横坐标，另一个变量为纵坐标，利用散点的分布形态反映变量

之间统计关系的一种图形。它既可以展示数据分布,也可以展示两个变量之间的相关性。使用 scatter()函数绘制散点图,其语法形式如下:

```
plt.scatter(x, y, s, c, marker)
```

参数说明:

(1)x,y:x、y 轴数据。

(2)s:散点的大小,默认为 20,值为标量或数组。

(3)c:散点的颜色,默认为蓝色,值为标量或数组。

(4)marker:散点的形状,默认为圆形。

【例 10.10】　打开"D:\code\data"路径下的"学生成绩表.csv"文件,将"高等数学"成绩绘制成散点图。

程序代码如下:

```
#例10.10
import pandas as pd
import numpy as np
import matplotlib.pyplot as plt

plt.rcParams['font.sans-serif'] = ['SimHei']

#准备初始数据
df = pd.read_csv(r'd:/code/data/学生成绩表.csv', index_col = 0, encoding = 'gbk')    #导入文件
x = df['姓名']
data = df['高等数学']

#创建画布
plt.figure(figsize = [10,5])

#绘制图形
plt.scatter(x, data)

#设置图形元素
plt.title('高等数学成绩分布图')
plt.xlabel('学生姓名')
plt.grid()
plt.xticks(range(0, data.size + 1), rotation = 70)
plt.yticks(range(50, 101, 5))

#为最低分添加数据标签
pos_x = np.argmin(data)
min_y = np.min(data)
plt.text(pos_x, min_y, min_y, color = 'r')

plt.show()
```

程序运行结果如图 10－13 所示：

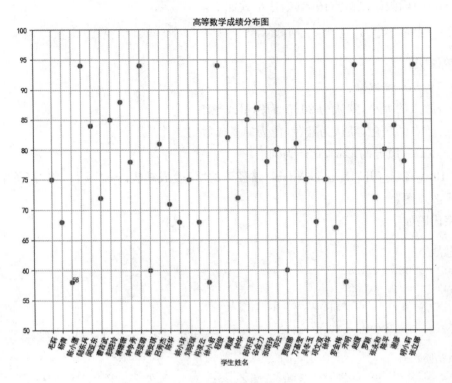

图 **10－13** 高等数学成绩分布图

10.2.10 绘制直方图

直方图用一系列不等高的长方形来表示数据，长方形的宽度表示数据范围的间隔，长方形的高度表示在给定间隔内数据出现的频数。长方形的高度跟落在间隔内的数据数量成正比，变化的高度形态反映了数据的分布情况。直方图使用 hist() 函数绘制，其语法形式如下：

```
plt. hist(x, bins=None, range=None, density=False, weights=None, cumulative=False,
bottom=None, histtype='bar', align='mid', orientation='vertical', rwidth=None, log=False,
color=None, label=None, stacked=False, *, data=None, **kwargs)
```

主要参数说明：

（1）x：数组或者数组序列（不要求每个数组长度相同），用于存放数据。

（2）bins：整数、序列或字符串。整数表示等宽区间的个数，自动计算区间范围；序列表示区间的范围，范围为左闭右开；字符串表示对应的策略，默认为 hist. bins。

（3）range：元组，指定最小值和最大值，默认为数据中的最小值和最大值，如果 bins 是一个序列,则对 range 没有影响。

(4)density:布尔值,为可选,如果为 True,则返回的是归一化的概率密度,所有区间的概率之和为 1。

(5)weights:类似于数组的值,为可选,形状和 x 相同,表示每个值对应的权重,默认情况下所有数据的权重相同。

(6)cumulative:布尔值或−1,用于累积求和,表示小于某个数的所有元素个数之和;如果为−1,则表示大于某个数的所有元素个数之和。

(7)bottom:为直方图的每个条形添加基准线,默认为 0。

(8)histtype:直方图类型,为 bar 时表示"多个并列摆放";为 barstacked 时表示"多个堆叠摆放";为 step 时表示"生成对应的折线";为 stepfilled 时表示"填充相关区域"。

(9)align:设置条形边界值的对齐方式,默认为 mid,除此之外还可设为 left 和 right。

(10)orientation:直方图的方向,默认为垂直。

注意:该函数以元组形式返回直方图的计算结果,包括各区间中元素的数量、区间的取值范围以及具体的每个区间对象。

【例 10.11】　打开"D:\code\data"路径下的"学生成绩表. csv"文件,用直方图展示"高等数学"各分数段的人数。

程序代码如下:

```
#例10.11
import numpy as np
import matplotlib.pyplot as plt

plt.rcParams['font.sans-serif'] = ['SimHei']

#准备初始数据
df = pd.read_csv(r'd:/code/data/学生成绩表.csv', index_col = 0, encoding =
'gbk')    #导入文件
x = df['姓名']
data = df['高等数学']

#创建画布
plt.figure()

#设置组距
bins = [50, 60, 70, 80, 90, 100]

#绘制图形
nums, bins_, hist_ = plt.hist(data, bins = bins, facecolor = 'b', alpha =
0.65)
```

```
#设置图表元素
plt.title('高等数学各分数段人数统计')
plt.xlabel('分数段')
plt.ylabel('人数')

#添加数据标签，即每个组的人数
for i, n in enumerate(nums):
    plt.text(bins[i]+5, int(n), int(n))

#保存图片
plt.savefig(r'd:\code\data\成绩直方图.png')

plt.show()
```

程序运行结果如图 10—14：

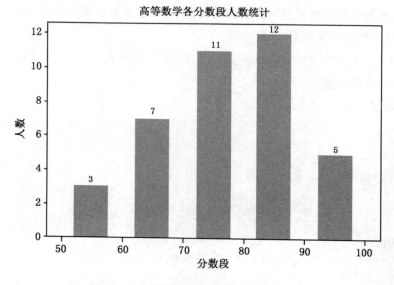

图 10—14　高等数学各分数段人数统计图

10.3　pandas 绘图

Matplotlib 库提供了一种通用的绘图方法，利用 pandas 提供的 plot 绘图方法快速方便地将 Series 或 DataFrame 数据可视化，plot()方法是基于 Matplotlib 库实现绘图功能的。其使用的格式如下：

```
Series 对象名.plot(kind) 或 DataFrame 对象名.plot(kind)
```

使用 plot 方法绘图时，其数据源是 Series 对象或 DataFrame 对象中的数据。绘图的类型可以通过 kind 参数指定，默认绘制的是折线图（即 kind＝'line'），也可以采用如下的形式：

```
Series 对象名.plot.kind() 或 DataFrame 对象名.plot.kind()
```

此处的 kind 为绘图类型的方法名，常用的绘图类型如表 10－5 所示。

表 10－5　　　　　　　　　　　pandas 中常用的绘图类型

绘图类型	kind 参数	采用方法形式调用
折线图	'line'	df. plot. line()
柱形图	'bar'	df. plot. bar()
条形图	'barh'	df. plot. barh()
直方图	'hist'	df. plot. hist()
饼图	'pie'	df. plot. pie()
散点图	'scatter'	df. plot. scatter
箱形图	'box'	df. plot. box()或 df. boxplot

【例 10.12】　打开"D:\code\data"路径下的"销售额. csv"文件，利用 plot()方法绘制"家用电器"各季度销售额的折线图和箱形图。

程序代码如下：

```
#例 10.12
import pandas as pd
import matplotlib.pyplot as plt

plt.rcParams['font.sans-serif'] = ['SimHei']

#准备初始数据
df = pd.read_csv(r'D:/code/data/销售额.csv', index_col = 0, encoding = 'gbk')
#导入文件
x = df.index    #x 轴数据
y = df['家用电器'].values    #y 轴数据

fig = plt.figure(figsize = [10,5])

#添加子图，用于绘制折线图
fig.add_subplot(1,2,1)

#绘制图形
df['家用电器'].plot()    #默认将数据的 index 作为 x 轴数据，values 作为 y 轴数据
#df['家用电器'].plot.line()
```

```
#设置图形元素
plt.title('家用电器各季度销售额')   #设置标题
plt.ylabel('销售额（万元）')   #设置 y 轴标题

#添加子图，用于绘制箱形图
fig.add_subplot(1,2,2)

#绘制图形
df['家用电器'].plot.box()

plt.show()
```

程序运行结果如图 10—15、图 10—16 所示：

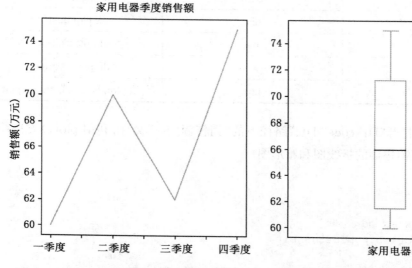

图 10—15　家用电器各季度销售额折线图　　图 10—16　家用电器各季度销售额箱形图

【例 10.13】　打开"D：\code\data"路径下的"销售额.csv"文件，利用 plot()方法绘制各类产品各季度销售额的柱形图。

程序代码如下：

```
#例 10.13
import pandas as pd
import matplotlib.pyplot as plt

plt.rcParams['font.sans-serif'] = ['SimHei']

#准备数据
df = pd.read_csv(r'D:/code/data/销售额.csv', index_col = 0, encoding = 'gbk')
#导入文件
```

```
#绘制图形
#df.plot.bar()          #默认将数据的 index 作为 x 轴数据，values 作为 y 轴数据，此处
values 有三列，所以有三组图形
df.plot(kind = 'bar')

#设置图形元素
plt.title('各类产品各季度销售额比较图')          #设置标题
plt.ylabel('销售额（万元）')          #设置 y 轴标题
plt.xticks(rotation = 20)          #设置 x 轴刻度标签倾斜的角度

plt.show()
```

程序运行结果如图 1-17 所示：

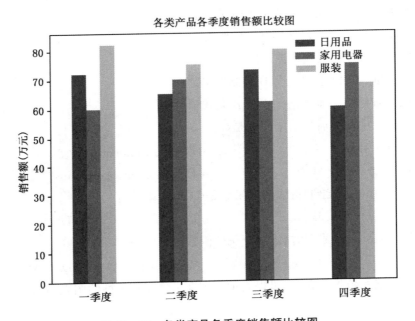

图 10-17　各类产品各季度销售额比较图

➡本章小结

本章介绍了 Matplotlib 库和 pandas 库中常用的绘图方法，其主要内容如下：

(1)绘图的基础，常用的图表类型，图表的构成以及绘制图表的步骤。

(2)使用 pyplot 模块下的 figure()函数创建画布，使用 subplot()函数、subplots()函数、add_subplot()方法创建子图。

(3)使用 plot()、bar()、pie()、scatter()、hist()函数绘制折线图、直条图、饼图、散点图和直方图。

(4)利用 pandas 提供的 plot 绘图方法绘制各类图表。

练习题

1. 单选题

(1)数据可视化的作用是(   )。

A. 将数据以图形化的方式表达出来

B. 直观清晰地呈现数据的特征、趋势或关系等

C. 辅助数据分析或展示数据分析的结果

D. 以上都是

(2)Matplotlib 中的哪个包提供了一批操作和绘图函数(   )。

A. pyplot   B. Bar   C. rcparams   D. pprint

(3)以下关于绘图标准流程的说法错误的是(   )。

A. 绘制简单的图形可以使用缺省的画布

B. 添加图例可以在绘制图形之前

C. 添加 x 轴、y 轴的标签可以在绘制图形之前

D. 修改 x 轴标签、y 轴标签和绘制图形没有先后

(4)下列参数中调整后显示中文的是(   )。

A. lines. linestyle   B. lines. linewidth

C. font. sans-serif   D. axes. unicode_minus

(5)使用 matplotlib 绘制折线图的函数是(   )。

A. plot   B. bar   C. hist   D. pie

(6)使用 matplotlib 绘图时,设置图例的函数是(   )。

A. title   B. legend   C. xlabel   D. text

(7)既可以展示数据分布,也可以展示两个变量之间相关性的图表是(   )。

A. pie   B. box   C. dot   D. scatter

(8)使用 matplotlib 绘图时,设置图表标题的函数是(   )。

A. legend   B. title   C. xlabel   D. text

(9)使用 matplotlib 绘制柱形图的函数是(   )。

A. plot   B. bar   C. hist   D. pie

(10)可以通过数据的四分位数展示数据分布情况的绘图函数是(   )。

A. hist   B. scatter   C. box   D. plot

(11)使用 matplotlib 绘图时,在图表上添加数据标签的函数是(   )。

A. text   B. label   C. title   D. data

(12)使用 pandas 中的方法绘图时,图表的数据来源是(   )。

A. numpy 数组对象中的数据   B. Series 或 DataFrame 对象中的数据

C. 列表中的数据　　　　　　　　D. 以上都可以

2. 编程题

(1)打开"D:\code\data"路径下的"各地区销售统计表. xlsx"文件,绘制各地区销售额的条形图,效果如图 10－18 所示。

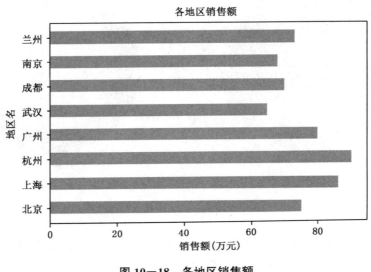

图 10－18　各地区销售额

(2)打开"D:\code\data"路径下的"各月份销售业绩表. xlsx"文件,将"销售额"绘制成柱形图,将"同比增长率"绘制成折线图,并将两种图形绘制在同一绘图区,效果如图 10－19 所示。

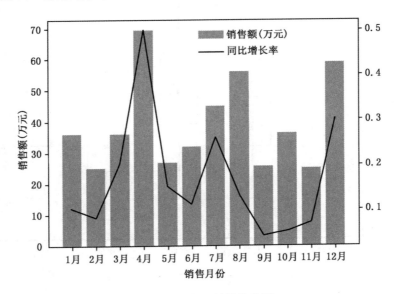

图 10－19　各月份销售业绩

（3）打开"D:\code\data"路径下的"各地区销售统计表.xlsx"文件，在同一画布下创建两个子图，两个子图分别用于绘制饼图和圆环图，效果如图10—20所示。

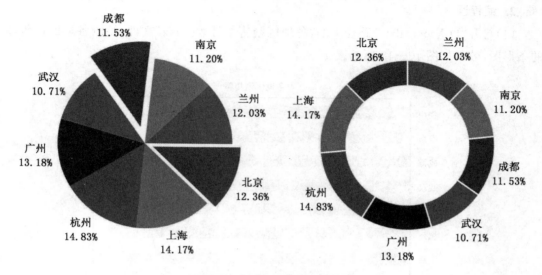

图 10—20　各地区销售占比图

（4）打开"D:\code\data"路径下的"1月销售统计表.xlsx"文件，绘制各地区1月销售额的箱形图，图中要显示平均值标记，效果如图10—21所示。

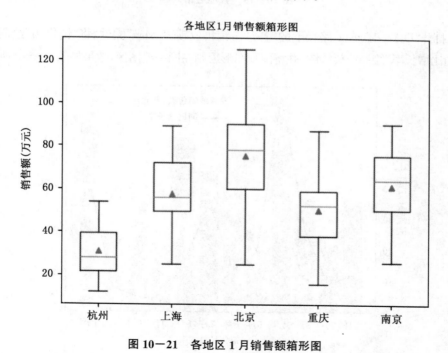

图 10—21　各地区 1 月销售额箱形图

(5)打开"D:\code\data"路径下的"客户年龄统计表.xlsx"文件,绘制客户年龄分布的直方图,x 轴设置成范围为[15,60]的年龄,y 轴设置成范围为[0,40]的人数,效果如图10—22 所示。

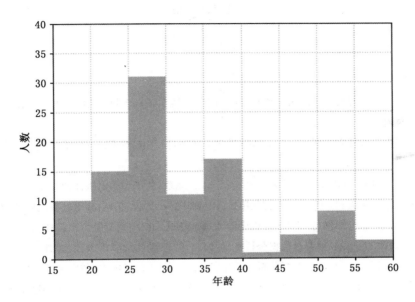

图 10—22　年龄分布

参考文献

[1]［美］埃里克·马瑟斯. Python 编程：从入门到实践［M］. 2 版. 袁国忠，译. 北京：人民邮电出版社，2020.

[2]［美］杰克·万托布拉斯. Python 数据科学手册［M］. 陶俊杰，陈小莉，译. 北京：人民邮电出版社，2018.

[3] 江红，余青松. Python 编程从入门到实践［M］. 北京：清华大学出版社，2021.

[4] 嵩天，礼欣，黄天羽. Python 语言程序设计基础［M］. 2 版. 北京：高等教育出版社，2017.

[5] 赵广辉，李敏之，邵艳玲. Python 程序设计基础［M］. 北京：高等教育出版社，2021.

[6] 陈洁，刘姝. Python 编程与数据分析基础［M］. 北京：清华大学出版社，2021.

[7] 黄红梅，张良均. Python 数据分析与应用［M］. 北京：人民邮电出版社，2018.

[8] 黑马程序员. Python 数据分析与应用：从数据获取到可视化［M］. 北京：中国铁道出版社，2019.